Hochleithner

Hechte

AquaTech
Publications

Meinen
Eltern

Hedwig und Rudolf†
HOCHLEITHNER

in Dankbarkeit
gewidmet.

Martin Hochleithner

HECHTE
(Esociformes)

Biologie und Aquakultur

AT ***Ratgeber***

Impressum

1. Auflage, 2004, 152 Seiten.
2. Auflage, 2015, 168 Seiten.

Titelbild: *Esox lucius*
Foto: Martin Hochleithner

AquaTech Publications
Unterbrunnweg 3
6370 Kitzbühel, Austria

http://www.aqua-tech.eu
http://www.aquatech.8m.com
http://www.aquaculture-com.net

Printed in Germany by:
Books on Demand GmbH, Norderstedt
ISBN 978-3-902855-19-0

Inhalt

Danksagung

Ohne die Hilfe einiger Wissenschaftler und Praktiker wäre wohl auch dieses Buch nicht so attraktiv geworden. Daher möchte ich allen, die zu meiner bisherigen Arbeit mit Hechten und der Erstellung des vorliegenden Buches beigetragen haben, ganz herzlich danken.

Mein besonderer Dank gebührt:

Herrn
Dipl. Ing. Karl Pauler
für den Beitrag zu den Hundsfischen,

und

Herrn
Günter Feuerstein
für die Anmerkungen zur Angelfischerei,

sowie

Herrn
Mag. Nikolaus Schotzko
für die kritische Durchsicht des Manuskripts.

*Nur
die unmittelbare,
von jeder Hypothese freie Beobachtung ist imstande,
dem Wissenschaftler Neues und Unerwartetes
zu offenbaren.*

(Konrad Lorenz, 1979)

Vorwort

Seit der ersten Auflage ist nun über ein Jahrzehnt vergangen und die Zucht und Produktion von Hechten hat sich nur wenig weiterentwickelt. Hechte werden sowohl in Europa als auch in Nordamerika in der Aquakultur (Teichen und Becken) zum Besatzfisch aufgezogen. Allerdings stieg die Produktion an Hechten (*Esox lucius)* in den 2000er Jahren nur geringfügig an. In Europa von 600 auf 732 t, wobei die Hechte meist als Nebenfische in Karpfenteichen produziert werden. Dafür hat sich der Fang an Hechten (*Esox lucius)* aus der Fischerei in Europa in den 2000er Jahren von 21.542 auf 26.485 t erhöht, wobei das meiste auf Russland und Finnland entfällt.
Inzwischen haben sich auch die Kenntnisse über die Biologie einiger Arten wesentlich verbessert. Zahlreiche Erfahrungen im In- und Ausland, sowie interessante Daten und Informationen konnten gesammelt und einige Abbildungen hinzugefügt werden. In Europa wurde vor kurzem sogar eine neue Art beschrieben (*Esox cisalpinus*), die in dieser Auflage nun auch enthalten ist.
Hoffen wir, dass sich die Kenntnisse um die Biologie erweitern, die Techniken in der Aquakultur verfeinern und die natürlichen Bestände der Hechte erhalten lassen.

Kitzbühel, im Frühjahr 2015

Martin Hochleithner

ALLGEMEIN

Einleitung

Hechte haben besonders durch ihr Verhalten als Raubfische, das schnelle Wachstum und die Größe, die einige Arten erreichen können, besonderes Interesse bei Biologen, Gewässerbewirtschaftern und Fischern hervorgerufen. In einigen Ländern und Gewässern sind sie daher auch von besonderer Bedeutung für die Fischerei.

Das Buch entstand aus der Idee, für die Arbeit und die Produktion von Hechten die wesentlichen Daten, Ergebnisse und Informationen zusammenzufassen und eine Anleitung für alle Interessierten zu erstellen.

Um die Zusammenhänge für die Vermehrung und Aufzucht, aber auch den Fang und die Bewirtschaftung zu verstehen, ist die Biologie der einzelnen Arten von besonderer Bedeutung. Daher soll hier ein Überblick über alle Arten und Unterarten gegeben werden.

Man nimmt an, dass die Hechte von heringsähnlichen Fischen abstammen und sich als spezialisierte Gruppe in Nordamerika entwickelt haben und anschließend Eurasien besiedelten. Wurden die Hechtfische früher wegen ihrer äußerlichen Merkmale fälschlicherweise auch schon zu den Knochenhechten (Lepisosteidae) und Barrakudas (Sphyraenidae) gestellt, weiß man heute, dass sie mit den Hundsfischen verwandt sind und eine eigene Linie neben den Stintfischen (Osmeriformes) darstellen.

Die Ordnung der Esociformes beinhaltet die Familie der Esocidae (Hechtfische) und die Familie der Umbridae (Hundsfische) mit weltweit jeweils sieben Arten. Da die sehr klein bleibenden Hundsfische kaum eine wirtschaftliche Bedeutung haben, bezieht sich der Aquakulturteil im Wesentlichen auf die viel größer werdenden Hechtfische, die vor allem auch für die Angelfischerei von besonderer Bedeutung sind.

Hechte bevorzugen Wassertemperaturen, die für das Überleben von Kaltwasserfischen (Salmonidae) zu warm, und für das optimale Wachstum von Warmwasserfischen (Siluridae, Cyprinidae) zu kalt sind. Fischzuchtanlagen, die über von Grund- oder Quellwasser gespeiste Erwärmungsteiche oder andere kleinere stehende Gewässer verfügen, können daher diese Fische gut als zusätzliche Produktion aufziehen. Die Hechtaufzucht in geeigneten Teichen gilt heute als die rentabelste Form extensiver Bewirtschaftung. Derzeit werden in Mitteleuropa jährlich etwa 30-50 Millionen Hechte aller Altersgruppen produziert und in natürliche und naturnahe Gewässer gesetzt.

Die meisten Untersuchungen und Angaben beziehen sich auf den weit verbreiteten Nordischen Hecht (*Esox lucius*), können aber größtenteils auch auf die anderen Hechtarten umgelegt werden.

Um lesbar zu bleiben, beschränkt sich dieses Buch auf das Wesentliche. Falls nichts anderes angegeben ist, gelten die allgemeinen Richtwerte. Für weitergehende Informationen wird auf die Literaturangaben im Anhang verwiesen.
Ich wünsche Ihnen viel Spaß beim Lesen und ein erfolgreiches Petri Heil.

Kitzbühel und Frankfurt, im Winter 2004

Martin Hochleithner

Körperbau

Der schlanke, langgestreckte, walzenförmige Körper ist seitlich leicht zusammengedrückt. Die größte Körperhöhe beträgt 10-18 % und der Kopf 23-32 % der Gesamtlänge. Das Skelett besteht aus Schädel- und Achsenskelett mit 42-67 Wirbelknochen, sowie dem Schultergürtel, der mit dem Schädel verbunden ist und dem Beckengürtel, der keine Verbindung zum restlichen Skelett aufweist (siehe auch Abb.).

Der Körper ist, wie teilweise auch der Kopf, mit vielen kleinen tief in der Haut steckenden, ovalen, abgerundeten Schuppen (Cycloidschuppen) besetzt, die in etwa 30-40 Längs- und 100-160 Querreihen angeordnet sind. Entlang der Seitenlinie befinden sich keine durchlöcherten, sondern eingebuchtete herzförmige Schuppen (Cardioidschuppen). Die Schuppen, die keine Radialstrahlen besitzen, aber im vorderen Teil in mehrere (2-4) Lappen aufgeteilt sind und sich an den Rändern noch überdecken, bestehen aus zwei Schichten. Einer inneren (medial), bestehend aus Collagen, und einer äußeren (lateral), bestehend aus Knochensubstanz, die mit dem Wachstum der Fische zunimmt und so für eine Altersbestimmung herangezogen werden kann. Die Bildung von Jahresringen erfolgt dabei im Winter bis Frühjahr, wenn das Wachstum der Fische gering ist. Auch ein flacher Knochen im Schultergürtel (Cleithrum) kann für die Altersbestimmung herangezogen werden und eignet sich dafür meist besser als die Schuppen. Bei der Beschleunigung des Wachstums im Frühsommer wachsen die Knochen und vor allem die Schuppen etwas schneller als der Fisch selbst, bei der Verlangsamung des Wachstums im Spätherbst ist dies genau umgekehrt. Außerdem kann anhand dieses Knochens das Geschlecht und vor allem das Wachstum recht gut ermittelt werden, denn der vordere Radius des Knochens beträgt etwa 1/10 der Körperlänge des Hechtes.

Knochenskelett des Hechtes. (Nach: Agassiz, 1843)

Die homozerke Schwanzflosse ist gegabelt (ausgenommen Umbridae). Die etwas größere Rückenflosse mit 13-21 Flossenstrahlen ist weit zurückgesetzt und befindet sich fast gegenüber der abgerundeten, etwas kürzeren Afterflosse mit 11-19 Flossenstrahlen. Diese beiden Flossen bilden mit der Schwanzflosse mit 20-50 Flossenstrahlen eine große Fläche, welche für den schnellen Sprint von Vorteil ist. Die paarigen Brustflossen mit 12-19 und Bauchflossen mit 8-12 Flossenstrahlen sind relativ klein. Alle Flossen werden nur von Weichstrahlen gestützt.
Die relativ lange Schnauze beträgt 33-48 % der Kopflänge. Das abgeflachte (entenschnabelartige), weit gespaltene und querstehende Maul ist mit zahlreichen (über 700) spitzen Zähnen besetzt. Am Rand des meist etwas vorstehenden Unterkiefers (Dentale) befinden sich spitze dolchartige Fangzähne, die am hinteren Teil des Kiefers besonders lang und scharf sind. Der Oberkieferknochen (Maxillare) ist zahnlos. Zwischenkiefer (Praemaxillare), sowie Gaumenbein (Palatinum), Pflugscharbein (Vomer) und Zungenbein (Hyoid) sind mit zahlreichen kleinen nach hinten gerichteten Bürstenzähnen besetzt, die sich rückwärts umlegen können. Wie die meisten Knochenfische, wechseln auch Hechte ihre Zähne häufig. Die alten, auf dem Knochen nur oberflächlich aufsitzenden Zähne fallen unregelmäßig aus und werden durch neue, von der Innenseite des Kiefers nachrückende ersetzt.
Kiefer-, Zungenbein und Kiemenknochen sind am Schädel, sowie teilweise auch untereinander, nur durch Bindegewebe verbunden und deshalb sehr dehnbar. Die Kiemenspalten sind sehr weit und reichen bis unter die Zungenspitze.
Die Kiemenreusendornen sind gewöhnlich auf kleine scharfe Zähnchen (Sammetzähne) reduziert. Der Branchiostegalapparat, der mit Bändern mit dem Hyoidbogen verbunden ist, bildet den unteren und hinteren beweglichen Teil des Kiemendeckels und schließt die Kiemenspalte. Er trägt auf jeder Seite 10-20 Branchiostegalstrahlen, die knöcherne Träger der Branchiostegalmembranen sind. Der Infraorbitalkanal am Unterkiefer ist an jeder Seite mit 2-10 submandibularen Sensorporen besetzt.
Die Seitenlinie geht von zahlreichen, in Reihen angeordneten Sensorgrübchen im Kopfbereich in einen geraden Kanal über, der an beiden Körperseiten bis zur Schwanzwurzel verläuft (ausgenommen Umbridae). Neben der Hauptseitenlinie verlaufen noch 2-3 Nebenseitenlinien, die als ergänzende Sinnesorgane dienen. Sie sind in Abständen mit besonderen Sinneszellen (Neuromasten) ausgestattet, die durch Seitenkanäle mit der Körperoberfläche in Verbindung stehen und womit Veränderungen des Wasserdrucks (niederfrequente Schwingungen) und der Ursprung solcher Reizquellen, auf 1-2 Meter genau, festgestellt werden können.

Hechte haben hauptsächlich weiße Muskeln für den schnellen Sprint, der für sehr kurze Zeit eine Spitzengeschwindigkeit von bis zu 2-4 m/s (8-10 Fischlängen/s) erreichen kann. Sie sind allerdings keine ausdauernden Schwimmer und eine Geschwindigkeit von etwa einer halben Körperlänge pro Sekunde wird meist nicht länger als 10 Minuten durchgehalten. Die mittelgroßen lidlosen Augen mit gelber Iris sind typisch für Raubfische, die sich vorwiegend von Fischen ernähren. Der Durchmesser der Augen beträgt 10-21 % und der Abstand zwischen den Augen 18-25 % der Kopflänge. Das Hechtauge ist im Ruhezustand auf Nahsicht eingestellt. Durch spezielle Muskeln kann die Linse an die Netzhaut angenähert werden, wodurch auch eine Fernsicht möglich wird. In der Netzhaut des Auges befinden sich verschiedene Sinneszellen (Zapfen und Stäbchen). Die farbempfindlichen Zapfen befinden sich, solange genügend Helligkeit vorhanden ist, an der Oberfläche der Netzhaut und werden dann im Verlauf von Stunden von den sehr lichtempfindlichen Stäbchen, die jedoch nur Grautöne unterscheiden können, ersetzt. Im Gegensatz zu anderen Fischen sind die Augenachsen der Hechte nicht seitwärts sondern leicht schräg nach vorne gerichtet. Neben seitlichem monokularem Sehen (in einem Winkel von ca. 150 Grad) ermöglicht dies nach vorne auch binokulares Sehen (in einem Winkel von ca. 80 Grad).
Vor den Augen befinden sich die Riechorgane mit quergestellten Hautlappen, die die Riechgrube in eine vordere kleinere und eine größere hintere Öffnung teilen, durch die das Wasser ein- bzw. ausströmt. Zu beiden Seiten des Gehirns liegen im hinteren Teil der Schädelkapsel die aus dem Labyrinth mit drei Bogengängen bestehenden inneren Ohren, die der Orientierung im Raum, zur Bewahrung des Gleichgewichts und der weiten Wahrnehmung von Schwingungen dienen.
Das wie bei allen Knochenfischen aus muskulöser Hauptkammer (Ventrikel) und dünnwandiger Vorkammer (Atrium) bestehende Herz liegt geschützt im vorderen Bereich der Leibeshöhle und ist durch die Peritonealfalte von den übrigen Organen getrennt. Das vom Herz wegführende Gefäß (Kiemenarterie) führt sauerstoffarmes (venöses) Blut zu den Kiemen, wo ein Austausch von Gasen und Stoffen stattfindet. Weiters besitzen Hechte auch einen Klappenapparat (Lymphherz) das sich unterhalb des letzten Schwanzwirbels befindet und die Lymphe aus dem Schwanz aufnimmt und den anderen abführenden Gefäßen zuleitet. Die Anzahl der an jedem Kiemenbogen sitzenden Kliemenblätter beträgt etwa 120 Paare. Mit fortschreitendem Wachstum und Sauerstoffbedarf der Fische nimmt nicht die Anzahl, sondern die Größe bzw. Fläche der Kiemenblättchen und somit die Respirationsfläche zu (ca. 1,5 cm^2 je Gramm Körpergewicht).

Die einzelnen Kiemenblätter haben ein knorpeliges Stützelement und je ein zu- und abführendes Gefäß, die sich in den Kiemenblättchen noch aufspalten können. In diesen Kapillaren können die roten Blutkörperchen durch eine 1-2 Zellschichten bestehende Wand vom Umgebungswasser getrennt, aufgrund des unterschiedlichen Partialdruckes einen Gasaustausch durchführen. Das sauerstoffangereicherte (arterielle) Blut gelangt dann in zwei Gefäße, die nach vorne in die Kopfarterie und nach hinten in die Körperarterie über- gehen und so den Kopf sowie restlichen Körper mit Sauerstoff versorgen.
Der sich dem Rachen (Pharynx) anschließende kurze dehnbare Schlund (Ösophagus) geht direkt in den langen dehnbaren Magen über. Er ist am hinteren Ende mit kräftigen Muskeln versehen und mündet dort, wo der Pylorus (ohne Pylorusanhänge) sitzt, in den relativ weiten und langen Mitteldarm. Kurz nach Beginn des Mitteldarms münden auf einer gemeinsamen Papille die Gänge von Galle und Bauchspeicheldrüse. Nach einem U-förmigen Knick geht der Mitteldarm, der durch eine wulstartige Ringfalte (Bauhinsche Klappe) getrennt ist, dann in den kurzen Enddarm über und endet im After. Wie alle Raubfische haben Hechte einen relativ kurzen Verdauungstrakt der 100-125 % der Körperlänge beträgt.
Die große einlappige, gelbbraune Leber befindet sich in der linken Körperhälfte und ist mit einem starken Mesenterium an Schlund und Magen befestigt. An deren Unterseite befindet sich die Gallenblase. Die einlappige dreieckige Bauchspeicheldrüse (Pankreas) ist in Fettgewebe eingebettet und besteht aus zwei (exokriner und endokriner) Teilen. Die kleine spatenförmige rotbraune Milz liegt hinter dem Pylorus. Die blutreichen dunkelroten Nieren (Kopf-, Rumpf- und Schwanzniere) liegen entlang der Wirbelsäule, außerhalb des Peritoneums, und münden über die Wolffschen Gänge in einen Harnleiter, dem eine Harnblase ansitzt. Die langgestreckte einkammerige Schwimmblase (Ductus pneumaticus) mit Gasdrüse liegt unterhalb der Nieren und ist durch Bänder an den Rippen befestigt. Sie steht über den Schwimmblasengang mit dem Schlund in Verbindung. Der durchschnittliche Gasgehalt der Schwimmblase besteht beim Hecht etwa zu 58 % aus Stickstoff (N_2), zu 35 % aus Sauerstoff (O_2) und zu 7 % aus Kohlendioxid (CO_2). Die langgestreckten paarigen Geschlechtsorgane (Gonaden) verlaufen entlang der Leibeshöhle und liegen an der Schwimmblase. Bei den Männchen (♂) sind die Hoden im Querschnitt oft dreieckig und bei den Weibchen (♀) die Ovarien im Querschnitt eher oval. Sie münden über einen kurzen Ausführungsgang (Samen- bzw. Eileiter) zusammen mit dem Harnleiter in der Geschlechtsöffnung direkt hinter dem After.

Hechtfische passen ihre Färbung üblicherweise etwas der Umgebung an. Der Körper ist an der Oberseite meist grünbraun und an der Unterseite oft gelbweiß gefärbt. An den Seiten befinden sich bei den jüngeren Fischen meist helle vertikale Streifen, die mit zunehmendem Alter in horizontale Streifen, Flecken oder Punkte übergehen. Die Flossen sind gelbgrün bis orangerot und manchmal ebenfalls mit Flecken oder Streifen besetzt. Unterhalb des Auges befindet sich meist je ein dunkler Streifen, der nach hinten ausläuft, bei großen Fischen jedoch oft schlecht zu sehen ist.
Die Färbung der Haut wird durch verschiedene Farbzellen verursacht, wie: Erythrophoren (rot), Xanthophoren (gelb), Melanophoren (schwarz). Der Silberglanz wird durch Guaninkristalle in irisierenden Zellen hervorgerufen. Die Pigmentierung ist besonders in den Coriumtaschen, in denen die Schuppen stecken, am stärksten. Die die Schuppen überdeckende Epithelschicht ist weniger stark pigmentiert.
In einigen Gewässern (z.B.: Boden- und Chiemsee in Deutschland, Hemming und Sharbot Lake in Kanada, sowie Lake Belletaine in den USA) können gelegentlich auch silbrig bis metallisch grünblau schimmernde Farbvarianten (ohne Flecken) vorkommen. Zumindest am Bodensee wird diese Farbanomalie aber durch eine Unterfunktion der Leber (Ikterus) hervorgerufen.
Wie bei vielen Fischarten können selten auch weiße bis gelb-orange Farbanomalien (Albinos) auftreten.

Junger Hecht bei der Nahrungsaufnahme. (Foto: A. Hartl)

Lebensweise

Hechte als mesotherme Süßwasserfische kommen in den kühlen und gemäßigten, arktischen bis subtropischen Zonen auf der Nordhalbkugel nördlich des 25. Breitengrades in Eurasien und Nordamerika vor. Im Gebirge können Hechte stehende Gewässer bis in eine Höhe von etwa 1600 m besiedeln. In einigen Gebieten (wie der Ostsee) kommen sie gelegentlich auch im Brackwasser an der Küste vor und können sich bis zu einer Salinität von 7 ‰ erfolgreich vermehren. Da Hechte auf Sicht rauben, bevorzugen sie eher mesotrophe Gewässer mit klarem Wasser und genügend Wasserpflanzenbewuchs.

Die Geschlechtsreife wird meist mit einem Alter von 2-4 Jahren erreicht.

Zur Laichzeit ziehen die Laichfische in stehenden Gewässern zum Ufer und in Fließgewässern meist etwas flussaufwärts. Dabei werden jährlich oft die gleichen Laichplätze aufgesucht, an denen die Männchen meist vor den Weibchen erscheinen. Die meisten Fische wandern dabei in den Morgen- und Abendstunden bis zu 1-2 km/Tag.

Die Laichzeit findet im Frühjahr meist nach dem Schmelzen des Eises statt und erstreckt sich normalerweise über 1-4 Wochen, je nach Verbreitungsgebiet und Gewässer, von Februar bis Juni. Mit zunehmender Meereshöhe verschiebt sich die Laichzeit generell je 500 Höhenmeter etwa um ein Monat nach hinten.

Das Ansteigen von Wassertemperatur, Tageslänge und Wasserstand stimuliert zum Ablaichen. Hechte laichen überwiegend an ufernahen, ruhigen und seichten Stellen (10-60 cm Wassertiefe) bevorzugt mit kurzem und dichtem Pflanzenbewuchs mit feinen Blättern (siehe Anhang). In größeren bzw. tieferen Seen können sie jedoch gelegentlich auch in einer Tiefe von 2-7 m laichen.

Die durchschnittlich 20.000-40.000 Eier je Kilogramm Körpergewicht haben einem Durchmesser von rund 2-3 mm. Die Eier werden vom Weibchen (Rogner) meist in mehreren, 1-2 Minuten dauernden kurz aufeinander folgenden, Laichakten in Portionen verstreut über eine relativ große Fläche abgegeben und vom Männchen (Milchner) befruchtet. Die leicht klebrigen Eier haften am Substrat oder Untergrund fest. Brutpflege wird keine betrieben (ausgenommen Umbridae).

Die Entwicklung der anfangs gelborangen, später braunen Eier bis zum Schlupf dauert bei 6-20 °C, je nach Wassertemperatur, 30-5 Tage. Die frisch geschlüpften Larven haben eine Größe von 5-10 mm und wiegen etwa 10-11 mg. Nach weiteren 10-20 Tagen beginnt die aktive Nahrungsaufnahme bei einer Größe von 10-15 mm und einem Gewicht von 11-13 mg (siehe auch Anhang).

Brütlinge des Hechtes, angeheftet an Wasserpflanzen. (Foto: A. Hartl)

Kannibalismus bei juvenilen Hechten. (Foto: A. Hartl)

Die Anzahl der abgelegten Eier an den Laichplätzen hängt stark vom verfügbaren Substrat ab und schwankt von unter 10 Eiern/m^2 auf sandigem Boden bis über 730 Eiern/m^2 auf überflutetem Grasland. Im Durchschnitt beträgt die Überlebensrate der abgelegten Eier bis zum einjährigen Hecht in natürlichen Gewässern etwa 0,04 bis 0,40 %. Die einzelnen Jahrgangsstärken mit einem Alter von 2 Jahren können daher bis um das siebenfache schwanken. Die Schwankungen sind aber wesentlich geringer als bei anderen Fischarten (Cypriniden, Perciden). Die Größe der Laichfische bzw. Eier oder Larven scheint keinen Einfluss auf das Überleben und Wachstum zu haben, sondern hängt eher von Umwelteinflüssen (Wasserstand und -temperatur, sowie -qualität) und Lebensraum ab und unterliegt daher starken Schwankungen.
Starke Jahrgänge können meist mit steigendem Wasserstand und überfluteten Uferpflanzen während der Laichzeit in Verbindung gebracht werden. Starken Jahrgängen folgen jedoch oft 3 Jahrgänge, die nur 10-25 % so stark sind. Kannibalismus tritt meist dann auf, wenn nicht genügend Deckung und geeignete Nährtiere zur Verfügung stehen. Er findet sowohl innerhalb, als auch zwischen den Jahrgängen statt und betrifft vor allem kleinere Hechte mit Längen unter 20 cm (bis zum Herbst). Die Populationsgrößen regulieren sich daher meist selbst und die Faktoren, die die Überlebensrate beeinflussen können, sind vielfältig. Von Dezember bis nach der Laichzeit ist der Kannibalismus stark reduziert und es werden höhere Bestandsdichten toleriert. Dies verringert die Mortalität im Winter und an den Laichplätzen. Ein geringer Bestand an adulten Hechten ergibt jedoch selten starke Jahrgänge, vielmehr scheinen die Wassertemperatur und der Wasserstand die wichtigsten Faktoren zu sein. Überflutungen (20-60 cm) im Frühjahr und Herbst und stabile Wasserstände für mindestens 1-2 Monate nach der Laichzeit haben daher einen entscheidenden Einfluss auf die Überlebensrate.
Wichtig bis zum Erreichen der Geschlechtsreife (bzw. einer Länge von ca. 40 cm) ist auch, dass genügend Wasserpflanzen (mindestens 25-30 %, optimal 40-80 % der Fläche) für Deckung und Lebensraum zur Verfügung stehen. Der Lebensraum juveniler Hechte ist meist auf ruhigere Gewässer (ohne Wellenschlag) und auf 2-3 m um Wasserpflanzen beschränkt. An Stellen mit Unterwasserpflanzen kann der Bestand juveniler Hechte (unter 20 cm) etwa dreimal so hoch sein, als an Stellen mit Überwasserpflanzen, und über zehnmal so hoch als an Stellen ohne Wasserpflanzen. Die Produktion und Artenvielfalt an wirbellosen Nährtieren kann an pflanzenreichen Stellen etwa 3-10 mal so hoch sein, als an pflanzenlosen Stellen und wird direkt von der Anzahl und Vielfalt der vorhandenen Pflanzen beeinflusst.

Ab einer Größe von etwa 20 cm, je nach Wasserstand, Temperatur und Nahrungsangebot, wandern die Jungfische oft von den Laich- bzw. Aufwachsplätzen in Gebiete mit weniger Pflanzenbewuchs. Der Lebensraum adulter Hechte ist meist auf den Uferbereich beschränkt und sie kommen selten mehr als 300-400 m vom Ufer entfernt oder tiefer als 10 m vor (ausgenommen im Winter). Die Weibchen bevorzugen meist etwas tiefere Gewässerabschnitte als die Männchen. Etwa 70-80 % der Hechte sind sehr standorttreu und wandern kaum mehr als 100 m. Standortveränderungen innerhalb ihres durchschnittlich 500 m^2 großen Kern- und 2.000 m^2 großen Gesamtreviers werden relativ langsam, längere Wanderungen (über 100 m) werden eher schneller durchgeführt, meist zwischen Gebieten mit Wasserpflanzen oder zu Nahrungsplätzen.
Die Mortalität der Hechte ist relativ hoch und die meisten Populationen bestehen aus Fischen, die nicht älter als 5-7 Jahre sind. Nur rund 40 % der Populationen haben Hechte, die älter als 7 Jahre sind und weniger als 10 % der Populationen haben Hechte die älter als 12 Jahre sind.
Die Eier werden oft von Wasservögeln (Enten), sowie von anderen Fischen (Barsche, Stichlinge, Weißfische) gefressen. Die Jungfische werden gelegentlich von Insektenlarven (Gelbrandkäfer, Libellen), sowie von Wasservögeln (Reiher, Taucher, Säger) und anderen Raubfischen (Barsche) gefressen und die Laichfische von Säugetieren (Bären, Otter, Hunde), sowie Vögeln (Adler).
Wie viele Wirbeltiere, werden auch die Hechte unterschiedlich stark von zahlreichen Parasiten befallen (siehe Anhang). Die Artzusammensetzung der Parasitenfauna hängt von abiotischen Faktoren, wie der Biotopbeschaffenheit, den klimatischen Einflüssen, der Jahreszeit, dem Nahrungsangebot, sowie biotischen Faktoren, wie dem Alter, der Größe, dem physiologischen Zustand und der Nahrungswahl des Wirtes ab. Oft ist das Parasit-Wirt-Verhältnis ausgeglichen und die Parasiten beeinträchtigen den Wirtsfisch nicht zu sehr. Bei schlechten Umweltbedingungen kann es jedoch bei einigen Arten auch zu Massenbefall und Schädigungen oder Verlusten kommen.
Die Besiedelung neuer Gewässer kann auch über Wasservögel erfolgen, an deren Füßen und Gefieder gelegentlich Eier festkleben und die so zur Verbreitung beitragen.
Vor allem Barsche und gelegentlich auch Rutten können als Nahrungskonkurrenten der Hechte auftreten, meist bevorzugen diese Arten jedoch offenes oder tieferes Wasser, sodass eine direkte Konkurrenz nicht gegeben ist. In eutrophen Gewässern dominiert jedoch oft der Zander, da dort die Sichtverhältnisse und Bestände an Wasserpflanzen, auf die Hechte angewiesen sind, zurückgehen.

Hechte mit einer Größe bis 8-15 cm können sich auch ausschließlich von Zooplankton und Insektenlarven ernähren und halten sich meist in seichten (Tiefe weniger als 0,8 bis 1,5 m) und pflanzenreichen Gewässerabschnitten auf, die für größere Hechte unzugänglich sind.
Hechte mit einer Größe von 15-35 cm benötigen meist Futterfische, können sich aber auch von Wirbellosen ernähren und halten sich in pflanzenreichen Gewässerabschnitten auf, in denen auch größere Hechte vorhanden sein können.
Hechte mit einer Größe von 35-55 cm sind meist an pflanzenreiche Gewässerabschnitten gebunden, die ihnen Deckung vor größeren Hechten geben und sind dann sehr standorttreu.
Hechte mit einer Größe über 45-55 cm sind nicht unbedingt an pflanzenreiche Gewässerabschnitte gebunden und wandern frei durchs Gewässer – im Winter auch den Futterfischen folgend.
Hechte sind ausgesprochene Raubfische, je nach Verfügbarkeit fressen sie alle Tierarten (bis 500 verschiedene), sofern sie diese noch im Ganzen (unzerkaut) schlucken können. Die Nahrung besteht anfangs vorwiegend aus Zooplankton und anderen Krebstieren, sowie aus Insektenlarven, später ab einer Größe von 3-5 cm vor allem aus Fischen und gelegentlich aus Weichtieren, Amphibien und Reptilien, selten aus Wasservögeln und Kleinsäugern. In der Regel greifen Hechte keine größeren Säugetiere an, dennoch sind schon versehentliche Angriffe auf schwimmende Hunde und sogar badende Menschen bekannt geworden. Hechte bevorzugen Beutefische, die etwa 10-20 % ihres eigenen Gewichtes bzw. 30-50 % ihrer eigenen Länge betragen. Jüngere Hechte fressen fast täglich, da sie viel Energie für das Wachstum benötigen. Und zwar im ersten Monat etwa 20-30 Beutetiere pro Tag und im ersten Sommer etwa 4-6 Futterfische täglich. Ältere Hechte fressen nur gelegentlich innerhalb einer Woche, dann bevorzugen sie allerdings größere Mahlzeiten. Generell betragen die Intervalle zwischen zwei Mahlzeiten etwa 2-4 Tage im Sommer (10-30 kcal/kg/Tag) und Herbst (6-10 kcal/kg/Tag) und etwa 25-35 Tage im Winter (0,3-1,0 kcal/kg/Tag) und Frühjahr (0,0-0,3 kcal/kg/Tag). Zur Laichzeit wird meist gar nichts gefressen. Nach der Laichzeit und bis zum Sommer wird etwa 50 % der jährlichen Nahrungsmenge (das 3-4 fache der Biomasse) aufgenommen. Hechte sind vor allem während der Abenddämmerung aktiv und zu einem geringeren Teil während der Morgendämmerung. Im Winter verschmelzen die Aktivitätsspitzen jedoch zum Tag. Üblicherweise wird 75 % der Nahrung bei Dämmerlicht, in den frühen Morgen- und späten Abendstunden, gefressen. Die übrigen 25 % werden tagsüber gefressen, während in der Nacht normalerweise nichts gefressen wird.

Nahrungszusammensetzung des Hechtes im Lake Windermere
in Abhängigkeit von der Jungfischgröße:
(Nach: Frost in Raat, 1988)

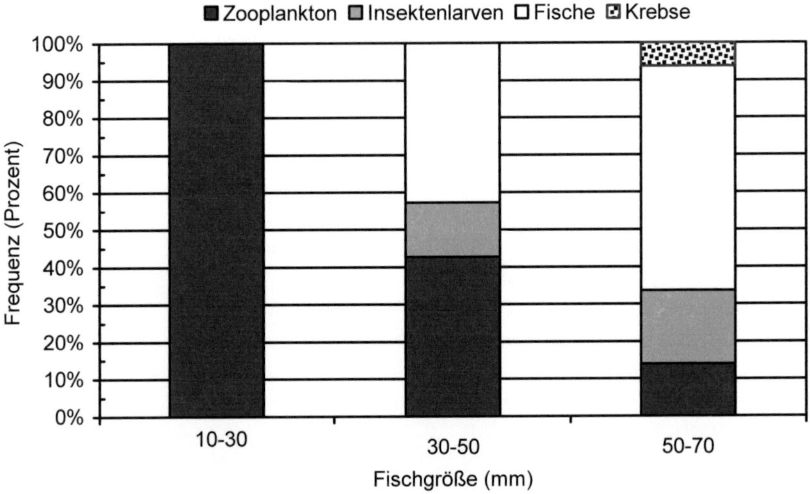

Nahrungsaufnahme des Hechtes im Lac Sainte Anne
in Abhängigkeit von der Jahreszeit:
(Nach: Diana in Raat, 1988)

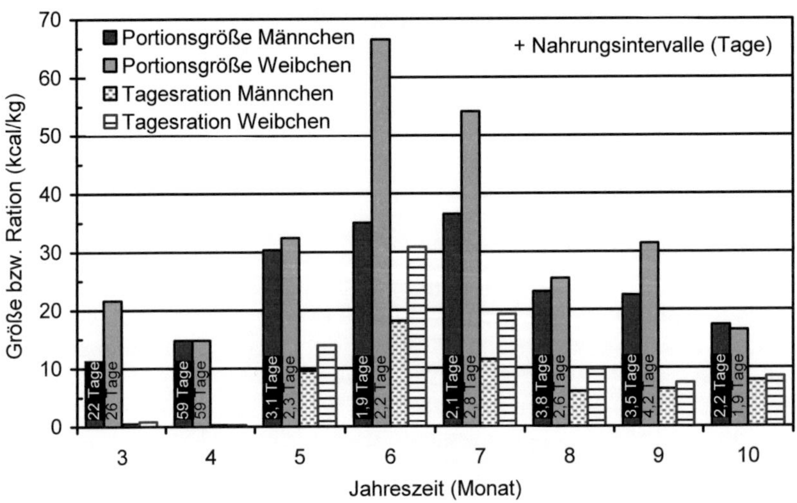

Die Beutefische werden gewöhnlich mit einem Schwung von der Seite gepackt, gedreht und dann mit dem Kopf voran geschluckt. Die Verdauung hängt stark von der Wassertemperatur ab und dauert im Frühjahr und Herbst etwa doppelt so lange wie im Sommer. Im Winter kann die Verdauung dann bis zu 10 mal so lange als im Sommer dauern. Das ist auch der Grund, warum Hechte im Winter nicht besonders aktiv sind und junge Hechte gerne im wärmeren Wasser an der Oberfläche stehen, denn dort erfolgt ein schnellerer Stoffwechsel.
Das Wachstum der Hechte, das im Norden generell etwas langsamer und überwiegend im Sommer und im Süden hauptsächlich im Winter erfolgt, ist je nach Lebensraum sehr unterschiedlich und hängt von der Verfügbarkeit der Nahrung, der Wachstumssaison bzw. Wassertemperatur ab und kann bis über 100 % schwanken. So kann die Länge einsömmeriger bzw. einjähriger Hechte in einem Gewässer von 11-34 cm bzw. 26-47 cm schwanken.
In den „Großen" Seen Nordamerikas kann im ersten Sommer mit einem Wachstum von etwa 1 cm je Woche gerechnet werden. Zwischen einem Alter von 3 und 9 Jahren beträgt die durchschnittliche Gewichtszunahme etwa 1,0-1,5 kg/Jahr.
Generell wachsen die Hechte in Europa und Nordamerika um etwa 25 % schneller als in Asien. In Europa und Asien erreichen die Hechte eine größere Maximallänge als in Nordamerika. In Mitteleuropa erfolgt das Wachstum hauptsächlich nach der Laichzeit bis Oktober-November.
Die Weibchen wachsen generell etwas schneller und werden auch größer und älter als die Männchen. Sie sind bei gleichem Alter im Durchschnitt um etwa 7-8 % länger. Das Höchstgewicht hängt auch etwas vom Lebensraum ab, denn in größeren Gewässern ist es generell höher als in kleineren.
Junge Hechte setzen etwa 45 %, ältere oft nur mehr 15 % der konsumierten Energie in Zuwachs um. Der Futterquotient kann daher 3-9 betragen.
Der Korpulenzfaktor (Gewicht [g] x 100 : Länge $[cm]^3$) liegt bei Hechtfischen je nach Geschlecht und Reifezustand etwa zwischen 0,6 und 0,8.
Die Gesamtlänge (TL) beträgt bei Hechtfischen etwa 105 % der Gabellänge (FL).
Im Durchschnitt haben juvenile Hechte verschiedener Größe folgendes Gewicht: 2-4 cm 0,3 g, 4-6 cm 1,0 g, 6-8 cm 1,6 g, 8-10 cm 3,8 g, 10-12 cm 7,0 g, 12-15 cm 13,0 g, 15-18 cm 40,0 g.

Längenwachstum (TL) einiger Hundsfische
in natürlichen Gewässern:
(Nach: Newbrey, Wilson et Ashworth, 2008; Scott et Crossman, 1973)

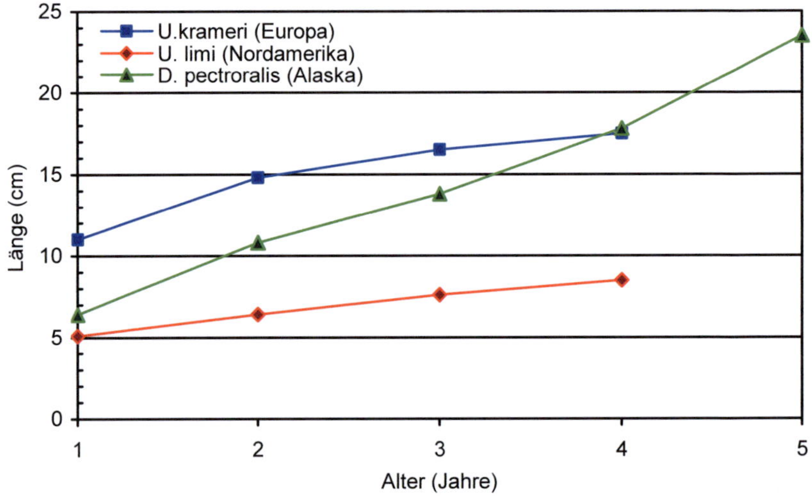

Längenwachstum (FL) einiger Hechtfische
in natürlichen Gewässern:
(Nach: Heuschmann, 1940; Nikol'skii, 1961; Raat, 1988; Scott et Crossman, 1973)

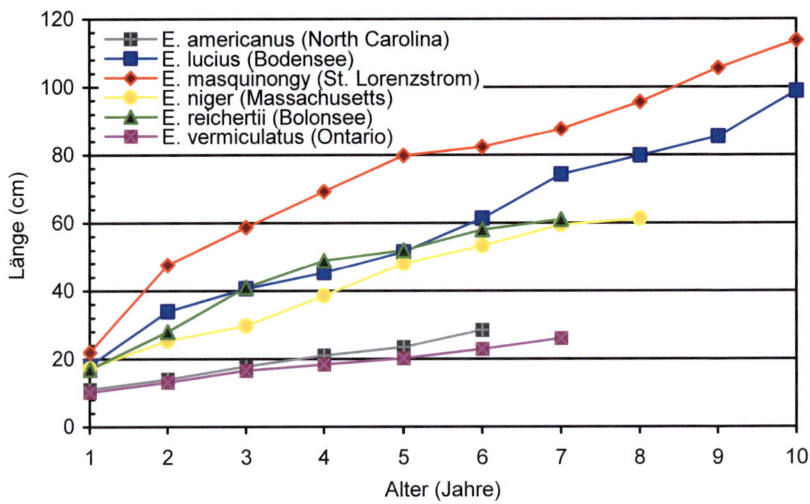

Längenwachstum (FL) des Nordischen Hechtes

in über 80 Gewässern weltweit:

(Nach: Craig et al., 1996; Raat, 1988)

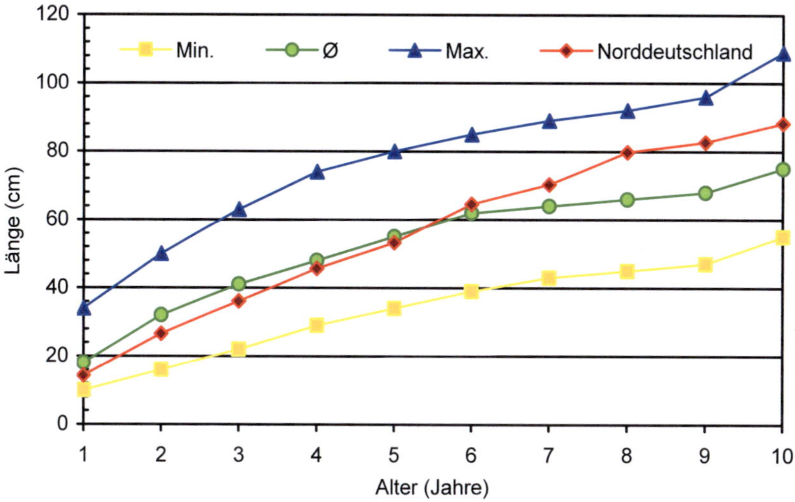

Längenwachstum (FL) des Nordischen Hechtes

nach Geschlecht:

(Nach: Raat, 1988)

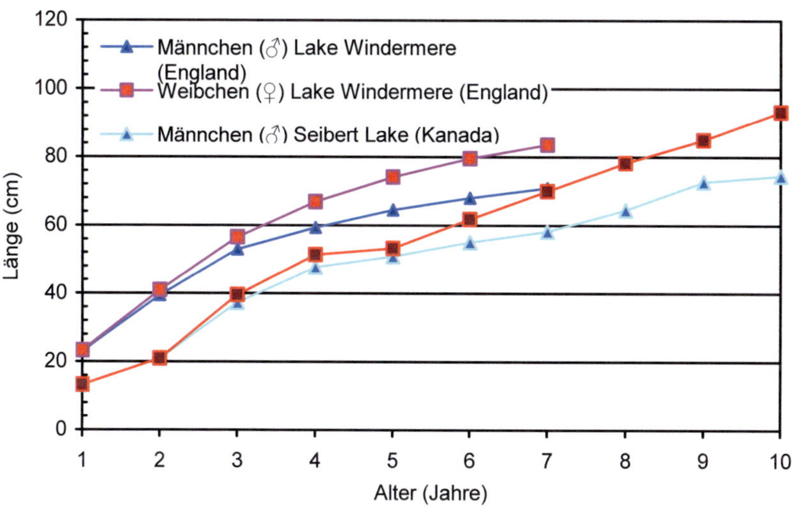

Hybriden

Hybriden sind Nachkommen von Eltern zweier verschiedener Arten. Je näher die Elternarten miteinander verwandt sind, desto eher gelingt die Hybridisierung. Wo sich die Arten überlappen, treten in natürlichen Gewässern gelegentlich auch zwischen den Hechtfischen Hybriden auf.
Der Nordische Hecht kann sich mit allen anderen Hechtfischen kreuzen. Gewöhnlich sind dann nur die Weibchen dieser Hybriden fruchtbar (fertil).
Die Hybriden Gras- oder Rotflossenhecht x Nordischer Hecht sind steril. Diese Hybriden können dort von Vorteil sein, wo eine unkontrollierte Vermehrung von Raubfischen nicht erwünscht ist.
Die Hybriden Grashecht x Rotflossenhecht (oder auch umgekehrt) sind fertil. Sie kommen natürlicherweise in den Golfstaaten von Mississippi bis Florida vor.
Die Hybriden Kettenhecht x Gras- oder Rotflossenhecht sind fertil. Diese Hybriden stellen einen mittelgroßen Raubfisch dar, der gut für Teiche geeignet ist.
Die Hybriden Kettenhecht x Nordischer Hecht sind steril. Sie haben keine Vorteile gegenüber den Ausgangsarten. Im Süden Nordamerikas sind diese Hybriden jedoch als Raubfisch für kleinere Gewässer gefragt.
Die Hybriden Nordischer Hecht x Amurhecht sind fertil. Sie wurden im Jahr 1976 im Glendale Lake (einem 650 ha großen künstlichen Reservoir in der Nähe von Altoona in Pennsylvania) für die Angelfischerei besetzt (186 Stück), jedoch konnte kein Bestand aufgebaut werden.
Die Hybriden Muskellunge x Amurhecht sind fertil. Diese Hybriden sind relativ einfach aufzuziehen, nehmen auch Trockenfutter an und wachsen schnell.
Die Hybriden Muskellunge x Nordischer Hecht (oder gelegentlich auch umgekehrt) sind steril. Sie werden Tiger-Muskies genannt und in Nordamerika gern für die Angelfischerei besetzt. Tiger-Muskies zeigen an den Wangen und Kiemendeckeln eine Beschuppung wie der Nordische Hecht und eine (dunkle vertikale) Körperzeichnung wie der Muskellunge. Die restlichen Merkmale liegen zwischen beiden Arten. Die Optimaltemperatur für das Wachstum beträgt für Tiger-Muskies etwa 20-24 °C, wobei sie auch schneller als die Ausgangsarten wachsen. Neben den größeren Hechtarten sind Tiger-Muskies möglicherweise am besten für die wirtschaftliche Produktion als Speisefisch in der Aquakultur geeignet.
Die Identifizierung von Hybriden ist nicht immer einfach. So wurden auch schon Hybriden als Art beschrieben, z. B.: *Esox amentus* Godfrey, 1945 (= *Esox lucius x Esox masquinongy*).

Hybride Kettenhecht x Nordischer Hecht. (Foto: P. Vecsei)

Hybride Muskellunge x Nordischer Hecht. (Foto: P. Vecsei)

Evolution

Esociformes sind mindestens seit der Kreidezeit bekannt. Die Artenvielfalt wurde jedoch durch die Pleistozän Eiszeit (bis vor 2 Millionen Jahre) stark reduziert und lange war unklar, von welchen Fischen sie wirklich abstammen. Arten der Familie der Esocidae entwickelten sich vermutlich von heringsartigen Fischen vor mindestens 80 Millionen Jahren, noch bevor Amerika und Eurasien auseinander drifteten.
Als in Deutschland ein kleines stintähnliches Fossil (*Palaeoesox fritzschei*) gefunden wurde, das in Seen des Paläozäns gelebt hat, galt lange die Hypothese als erwiesen, dass sich die Gattung *Esox* möglicherweise in Europa entwickelt hatte. Von *Palaeoesox fritzschei* (ca. 60 Millionen Jahre) über *Esox papyraceus* (ca. 30 Millionen Jahre) und *Esox lepidotus* (ca. 10 bis 25 Millionen Jahre) bis zu *Esox lucius* (weniger als 2 Millionen Jahre) welcher sich dann über die nördlichen Breitengrade und über die Bering Landbrücke bis nach Nordamerika ausbreitete. Die Bering Landbrücke ist seit dem Auseinanderdriften der Kontinente vor 60-70 Millionen Jahren, von Meerwasser überflutet. Durch die Eiszeit (Pleistozän) sank jedoch der Meeresspiegel, wodurch die Landbrücke wieder besiedelbar wurde.
Eine zweite Hypothese wurde weitgehend akzeptiert als 1980 ein fossiles Skelett eines *Esox tiemani* mit einem Alter von mindestens 62 Millionen Jahre in Alberta, Kanada entdeckt wurde. Weitere Funde bestätigen diese These, welche *E. tiemani* und ähnliche auf ca. 80 Millionen Jahre datieren, also Millionen Jahre bevor sich *Palaeoesox* entwickelte, welcher bis dahin als Vorfahre galt. Nach dieser These tritt auch vor 32-50 Millionen Jahre die Gattung *Esox* zuerst in Nordamerika auf, bevor sie erstmals in Europa auftauchte.
Nach der derzeit gängigen Hypothese haben sich *Esox tiemani* (Nordamerika) und *Palaeoesox fritzschei* (Eurasien) in der Kreidezeit von den heringsartigen Fischen separat parallel bis zur Eiszeit entwickelt. In Amerika entwickelte sich vor etwa 25 Millionen Jahren *Esox tiemani* zu *Esox masquinongy* (Muskellunge). Als der nordamerikanische Kontinent kontinuierlich näher zum Nordpol driftete, entwickelte sich möglicherweise *Esox lucius* (der Nordische Hecht) als neue Art, der gegenüber den kälteren Bedingungen toleranter war. Diese These wird durch die heutige Situation in Nordamerika untermauert, wo der Muskellunge eine eher südlichere Verbreitung und der Nordische Hecht eine eher nördlichere Verbreitung am Kontinent hat.

In Eurasien entwickelte sich *Palaeoesox fritzschei* separat über *Esox papyraceus*, und *Esox waltschanus* zu *Esox lepidotus* (10 bis 25 Millionen Jahre). *Esox lepidotus* war wie *Esox masquinongy*, eine andere wärmeliebende Art, allerdings anders als in Nordamerika hatte diese Art in Eurasien weniger sichere Nord-Süd Verbindungen, welche die Entwicklung einer weiteren kälteadaptierten Art verhinderte und zum einstweiligen Aussterben der Familie der Esocidae in Eurasien führte.
Esox lucius musste bis zur Eiszeit warten, bevor er sich dann von mindestens zwei Rückzugsgebieten (Mississippi- und Yukon-Flusssystem) zirkumpolar ausbreiten konnte, allerdings von Nordamerika und nicht von Europa aus.
Großbritannien besiedelte der Hecht (*Esox lucius*) über die Nordsee-Landbrücke, als die Themse noch ein Zufluss des Rheins war. Auch diese Landbrücke wurde durch den niedrigeren Meeresspiegel während der letzten Eiszeit, wo gigantischen Massen an Wasser in den Gletschern gespeichert waren, möglich.

†*Palaeoesox fritzschei* Voigt, 1934

Fossiler Hecht aus dem Paläozän von Deutschland. Er wurde bis etwa 10 cm lang und hatte 33-34 Wirbelknochen und 14 Branchiostegalstrahlen, sowie mehr als 60 Schuppenreihen entlang den Seiten. (Nach: Berg in Nikol'skii, 1961)

Systematik

Als Wirbeltiere (*Vertebrata*) gehören die Hechte zur Klasse der Knochenfische (*Osteichthyes*) und der Unterklasse Strahlenflosser (*Actinopterygii*), mit der Subdivision Echte Knochenfische (*Teleostei*). Die Überordnung *Protacanthopterygii* umfasst die Ordnung: *Osmeriformes* (Stinte) und *Salmoniformes* (Lachse) sowie die Ordnung *Esociformes* Berg, 1931 (Hechte), welche in folgende Familien eingeteilt wird:

0. *Palaeoesocidae* Sytchevskaya, 1976 (Fossile Hechte).
Vertreten mit 11 Arten in 3 Gattungen, welche ausgestorben sind:
1.) †*Boltyshia* Sytchevskaya & Daniltschenko, 1975;
Drei ausgestorbene Arten: *B. asiatica, B. brevicauda, B. truncata.*
2.) †*Mikroumbra* Reichenbacher & Weidmann, 1992;
Zwei ausgestorbene Arten: *M. acutirostris*, *M. ringeadei.*
3.) †*Palaeoesox* Voigt, 1934;
Sechs ausgestorbene Arten: *P. densus*, *P. fritzschei, P. longirostratus, P. oligocenicus, P. validus*, *P. weileri.*

I. *Esocidae* Cuvier, 1817 (Hechtfische).
Vertreten mit 7 Arten in 1 Gattung:
1.) *Esox* Linnaeus, 1758 (Echte Hechte);
Vertreten mit sieben Arten, in zwei Untergattungen:
- *Esox* Linnaeus, 1758. 4 Arten: *E. cisalpinus, E. lucius, E. masquinongy, E. reichertii;*
- *Kenoza* Jordan & Evermann, 1896. 3 Arten: *E. americanus, E. niger, E. vermiculatus;*

Sowie ausgestorbene Fossile, aus der Kreidezeit von Nordamerika:
†*Estesesox* Wilson, Brinkman & Neuman 1992 (*E. foxi*);
†*Oldmanesox* Wilson, Brinkman & Neuman 1992 (*O. canadiensis*);

II. *Umbridae* Bleeker, 1859 (Hundsfische).
Vertreten mit 7 Arten in 3 Gattungen,
welche in zwei Unterfamilien geteilt werden:
a) *Dalliinae* Gill, 1885 (Schwarzfische). 1 Gattung:
1.) *Dallia* Bean, 1880 (Echte Schwarzfische);
Vertreten mit drei Arten: *D. admirabilis, D. delicatissima, D. pectoralis;*

b) *Umbrinae* Günther, 1866 (Echte Hundsfische). 2 Gattungen:

2.) *Novumbra* Schultz, 1929 (Neue Hundsfische);
Vertreten mit einer Art: *N. hubbsi;*

3.) *Umbra* Kramer, 1756 (Alte Hundsfische);
Vertreten mit drei Arten: *U. krameri, U. limi, U. pygmaea;*

Sowie ausgestorbene Fossile, aus dem Oligozän von Sibirien:

†*Palaeumbra* Weiler, 1973 (*P. moguntina*);
†*Proumbra* Sytchevskaya, 1968 *(P. irtyshensis*);

Bestimmungsschlüssel*
für die
Ordnung *Esociformes*

A Schwanzflosse gegabelt mit mehr als 30 Flossenstrahlen,
Bauchflossen mit 8 oder mehr Flossenstrahlen,
Seitenlinie gut entwickelt und Poren vorhanden,
9 oder mehr Branchiostegalstrahlen unter Kiemendeckel,
Maul flach und lang, stark bezahnt,
Zungenbein bezahnt,
42 oder mehr Wirbelknochen,
Basisphenoid vorhanden: .... ***Esocidae***

B Schwanzflosse gerundet mit weniger als 40 Flossenstrahlen,
Bauchflossen mit 7 oder weniger Flossenstrahlen,
Seitenlinie schlecht entwickelt und Poren fehlen,
9 oder weniger Branchiostegalstrahlen unter Kiemendeckel,
Maul klein und kurz, schwach bezahnt,
Zungenbein zahnlos,
42 oder weniger Wirbelknochen,
Basisphenoid fehlt: .... ***Umbridae***

* (Erstellt und überarbeitet unter anderem nach: Balushkin et Chereshnev, 1982; Berg, 1948; Craig, 1996; Grande et al., 2004; Nikol'skii, 1961; Scott et Crossman, 1973)

Bestimmungsschlüssel
für die
Familie *Esocidae*

1 Wangen und/oder Kiemendeckel nicht komplett beschuppt,
9 oder mehr submandibulare Poren an Unterkiefern,
Länge des Vomers über 50 % der Länge des Parasphenoids,
mehr als 55 Wirbelknochen: 2

Wangen und Kiemendeckel fast komplett beschuppt,
9 oder weniger submandibulare Poren an Unterkiefern,
Länge des Vomers unter 50 % der Länge des Parasphenoids,
weniger als 55 Wirbelknochen: 5

2 12 oder mehr submandibulare Poren an Unterkiefern,
16 oder mehr Branchiostegalstrahlen an jeder Seite,
Wangen und Kiemendeckel nur am oberen Teil beschuppt,
Helle Grundfärbung mit dunklen vertikalen Streifen oder Flecken,
Brust-, Bauch- und Schwanzflossen zugespitzt: ... ***Esox masquinongy***

11 oder weniger submandibulare Poren an Unterkiefern,
16 oder weniger Branchiostegalstrahlen an jeder Seite,
Wangen fast komplett beschuppt,
Kiemendeckel nur am oberen Teil beschuppt: 3

3 Helle Grundfärbung mit dunklen vertikalen Streifen als juveniler oder
runden bis ovalen Flecken als adulter Fisch,
Brust-, Bauch- und Schwanzflossen zugespitzt: .... ***Esox reichertii***

Dunkle Grundfärbung mit hellen vertikalen Streifen als juveniler oder
Streifen oder bohnenförmige Flecken als adulter Fisch,
Brust-, Bauch- und Schwanzflossen abgerundet: 4

4 Bohnenförmige Flecken als adulter Fisch,
115 oder mehr Seitenlinienschuppen: .... ***Esox lucius***

Vertikale bis horizontale Streifen als adulter Fisch,
115 oder weniger Seitenlinienschuppen: .... ***Esox cisalpinus***

5 14 oder mehr Branchiostegalstrahlen an jeder Seite,
Oberkiefer (Maxillare) reicht nicht bis über den Mittelpunkt des Auges,
Dunkle Grundfärbung mit hellen vertikalen Streifen als juveniler oder kettenartigen Zeichnungen als adulter Fisch: .... ***Esox niger***

14 oder weniger Branchiostegalstrahlen an jeder Seite,
Oberkiefer (Maxillare) reicht bis über den Mittelpunkt des Auges,
Helle Grundfärbung mit dunklen vertikalen Streifen: 6

6 Schnauze kurz und im vorderen Profil konvex,
mehr als 65 gelochte Seitenlinienschuppen,
6 oder mehr Cardioidschuppen zwischen den Bauchflossen,
7 oder mehr eingebuchtete Schuppen in einer Reihe zwischen Anfang der Afterflosse und Rücken,
Untere Flossen rot bis orange: .... ***Esox americanus***

Schnauze lang und im vorderen Profil konkav,
weniger als 65 gelochte Seitenlinienschuppen,
5 oder weniger Cardioidschuppen zwischen den Bauchflossen,
8 oder weniger eingebuchtete Schuppen in einer Reihe zwischen Anfang der Afterflosse und Rücken,
Untere Flossen grau bis gelbgrün: .... ***Esox vermiculatus***

Bestimmungsschlüssel
für die
Familie *Umbridae*

1 Schwanzflosse mit mehr als 25 Flossenstrahlen,
Bauchflossen mit 4 oder weniger Flossenstrahlen,
Mehr als 50 Schuppen entlang der Seitenlinie,
Gaumenbein (Palatinum) mit 1 Zahnreihe: 2

Schwanzflosse mit weniger als 25 Flossenstrahlen,
Bauchflossen mit 5 oder mehr Flossenstrahlen,
Weniger als 60 Schuppen entlang der Seitenlinie,
Gaumenbein (Palatinum) mit 2 Zahnreihen: 4

2 Brustflossen mit 30 oder mehr Flossenstrahlen,
Kopf bis über die Nasenöffnungen beschuppt,
Branchiostegalstrahlen beschuppt,
Abstand zwischen den Augen unter 1/3 der Kopflänge und
kleiner als der doppelte Augendurchmesser,
Unterkiefer über 14,5 % der Standardlänge: .... ***Dallia pectoralis***

Brustflossen mit 30 oder weniger Flossenstrahlen,
Kopf nur bis zu den Nasenöffnungen beschuppt,
Branchiostegalstrahlen nicht beschuppt,
Abstand zwischen den Augen über 1/3 der Kopflänge und
größer als der doppelte Augendurchmesser,
Unterkiefer unter 14,5 % der Standardlänge: 3

3 12 oder weniger Schuppen zwischen Rückenflosse und Seitenlinie,
12 oder weniger Schuppen zwischen Afterflosse und Seitenlinie,
Bauchflossen relativ lang und über 7 % der Standardlänge,
Augendurchmesser über 35 % des Augenabstandes,
Oberkiefer unter 8,85 % der Standardlänge: .... ***Dallia admirabilis***

13 oder mehr Schuppen zwischen Rückenflosse und Seitenlinie,
13 oder mehr Schuppen zwischen Afterflosse und Seitenlinie,
Bauchflossen relativ kurz und unter 7 % der Standardlänge,
Augendurchmesser unter 35 % des Augenabstandes,
Oberkiefer über 8,85 % der Standardlänge: .... ***Dallia delicatissima***

4 Anfang der Rückenflosse über oder vor dem Anfang der Afterflosse,
Ansatz der Afterflosse fast solange wie Ansatz der Rückenflosse,
Körper quergestreift, kein heller Streifen entlang der Seiten,
Unter- und Zwischenkiefer mit je 1 Zahnreihe,
Pflugscharbein mit mehr als 10 Zähnen: .... ***Novumbra hubbsi***

Anfang der Rückenflosse etwa über der Basis der Bauchflossen,
Ansatz der Afterflosse nur halb solange wie Ansatz der Rückenflosse,
Unter- und Zwischenkiefer mit je 2-3 Zahnreihen,
Pflugscharbein mit weniger als 10 Zähnen: 5

5 Anfang der Bauchflossen direkt unter dem Anfang der Rückenflosse,
Flossenstrahlen der Rückenflosse fast alle gleich lang,
meist 5 oder mehr Branchiostegalstrahlen unter Kiemendeckel,
einige submandibulare Poren vorhanden,
Körper dunkel gefleckt,
ein heller Streifen entlang der Seiten: .... ***Umbra krameri***

Anfang der Bauchflossen etwas vor dem Anfang der Rückenflosse,
Flossenstrahlen der Rückenflosse nicht alle gleich lang,
meist 5 oder weniger Branchiostegalstrahlen unter Kiemendeckel,
keine submandibularen Poren vorhanden: 6

6 Körper quergestreift,
kein heller Streifen entlang der Seiten: .... ***Umbra limi***

Körper hell gefleckt,
ein oder mehrere helle Streifen entlang der Seiten: ... ***Umbra pygmaea***

Überblick

Meristische Merkmale

ART	D F	A F	S L	K R	B R	S P	W I
Esox cisalpinus	14-21	12-17	92-115	-	13-14	3-9	56-60
Esox lucius	14-22	12-19	115-148	-	13-16	4-6	56-65
Esox masquinongy	15-23	14-19	130-168	-	16-19	5-10	63-68
Esox reichertii	14-22	12-18	105-165	-	11-15	5-6	60-67
Esox americanus	15-21	13-18	86-116	-	11-16	3-6	46-51
Esox niger	14-21	11-19	87-140	-	14-17	3-5	49-55
Esox vermiculatus	13-19	13-18	78-124	-	9-15	3-6	42-54
Dallia admirabilis	10-15	12-16	75-101	9-15	7-9	0-0	40-42
Dallia delicatissima	10-15	13-15	85-103	10-11	7-8	0-0	40-42
Dallia pectoralis	10-16	11-16	52-100	8-13	6-9	0-0	39-42
Novumbra hubbsi	11-15	10-13	42-60		6-9	1-3	37-40
Umbra krameri	12-19	6-9	30-38	6-9	5-7	1-3	32-36
Umbra limi	12-15	7-10	31-37	13-15	4-5	0-0	34-38
Umbra pygmaea	12-16	7-11	31-40		3-6	0-0	33-38

Abkürzungen:
DF = Rückenflossenstrahlen, AF = Afterflossenstrahlen, SL = Schuppen entlang der Seitenlinie, KR = Kiemenreusendornen am 1. Kiemenbogen, BR = Branchiostegalstrahlen unter Kiemendeckel, SP = Submandibulare Poren, WI = Wirbelknochen;

ARTEN

HECHTFISCHE
Esocidae

Der Körper und teilweise der Kopf sind mit großen Rundschuppen besetzt. Die Seitenlinie mit Sensorporen ist vorhanden.
Rücken- und Afterflosse sind weit zurückgesetzt und befinden sich etwa gegenüber. Die Schwanzflosse mit 20-50 Flossenstrahlen ist gegabelt. Alle Flossen sind nur von Weichstrahlen (keine Stachelstrahlen) gestützt. Das lange, flache und horizontale Maul ist groß und stark bezahnt. Der Unterkiefer ist mit großen Fangzähnen besetzt. Zwischenkiefer, Gaumen-, Zungen- und Pflugscharbein sind mit zahlreichen kleinen Bürstenzähnen besetzt. Der Oberkieferknochen ist zahnlos.
Der mandibulare Sensorkanal ist relativ klein, der Infraorbitalkanal ist mit 3 oder mehr Sensorporen besetzt. 9-20 Branchiostegalstrahlen unter dem Kiemendeckel. 42-66 Wirbelknochen.
Basisphenoid vorhanden, Mesopterygoid klein, Nasenbein vorhanden, Inframandibular fehlt. Orbitosphenoid und Mesocoracoid fehlt. Pylorusanhänge, Fettflosse und Barteln fehlen. Schwimmblase mit Schwimmblasengang.
Die Chromosomenzahl der Hechtfische ist einheitlich und beträgt: 2n = 48-50.
Hechtfische kommen im Süßwasser der Flüsse und Seen in Europa, Asien und Amerika vor. Sie bevorzugen klare und pflanzenreiche Gewässer und sind über lange Distanzen schlechte Schwimmer, können aber schnell vorstoßen.
Die Eier werden vom Weibchen im seichten Wasser verstreut abgegeben und keine Brutpflege betrieben.
Hechtfische tolerieren mittlere Sauerstoffwerte, Wassertemperaturen von 1-30 °C, sowie einen pH-Wert von 4-9. Einige Hechtfische sind relativ großwüchsig. Die Weibchen wachsen schneller und werden auch größer und älter als die Männchen. Sie sind beliebte Angelfische und haben eine große angelfischereiliche Bedeutung.
1 rezente Gattung: *Esox.*

Esox cisalpinus Bianco et Delmastro, 2011. **Südlicher Hecht**

Südlicher Hecht. (Foto: P.G. Bianco)

Beschreibung:
Rückenflosse mit 14-21 Strahlen, Afterflosse mit 12-17 Strahlen, 92-115 Schuppen entlang der Seitenlinie, 56-60 Wirbelknochen, 13-14 Branchiostegalstrahlen und 3-9 submandibulare Poren an jeder Seite.
Der langgestreckte, seitlich nur wenig zusammengedrückte Körper ist im Querschnitt oval. Die größte Körperhöhe beträgt 16-18 % und der Kopf 31-36 % der Standardlänge. Der lange, flache Kopf mit entenschnabelförmiger Schnauze ist an der Oberseite nicht beschuppt. Die Wangen sind meist komplett, die Kiemendeckel nur bis zur Höhe der Augen mit Schuppen bedeckt. Die Schnauze beträgt 14-16 % und der Augendurchmesser 4-6 % der Standardlänge. Das stark bezahnte, weit gespaltene Maul ist groß und horizontal. Die Maxillare reicht gewöhnlich bis zum Mittelpunkt des Auges. Brust-, Bauch- und Schwanzflosse sind an den Flossenspitzen abgerundet.
Die Oberseite ist gelbgrün bis graubraun und die Unterseite weiß gefärbt. An den Seiten befinden sich entweder diagonale, horizontale, vertikale oder sternförmige Streifen, jedoch im Unterschied zum Nordischen Hecht keine runden, ovalen oder bohnenförmigen Flecken. Unterhalb des Auges befindet sich je ein dunkler Streifen, der nach hinten ausläuft, bei größeren Fischen jedoch undeutlich zu sehen ist. Die Flossen sind gelbgrün bis orangebraun und mit schwarzbraunen Flecken oder Streifen besetzt.

Verbreitung:
Der Südliche Hecht kommt in Europa in Italien vor (46-42° Nördlicher Breite). Das Verbreitungsgebiet erstreckt sich auf den nördlichen und mittleren Teil der Apenninischen Halbinsel von Isonzo über Po bis Tronto sowie von Arno bis Tiber.

Es ist möglich, dass sich das Verbreitungsgebiet auch noch weiter nach Westen und Osten erstreckt.
Der Südliche Hecht wurde erst vor kurzen beschrieben und wurde früher zum Nordischen Hecht gezählt.

Lebensweise:
Der Südliche Hecht bevorzugt klare, pflanzenreiche, wärmere, stehende und langsam fließende Gewässer.
Über die Lebensweise des Südlichen Hechtes ist relativ wenig bekannt, sie dürfte aber dem Nordischen Hecht sehr ähnlich sein.
Die Geschlechtsreife wird bei den Männchen meist mit einem Alter von 1-2 Jahren bei einer Größe von 20-30 cm und bei den Weibchen meist mit einem Alter von 2-3 Jahren bei einer Größe von 30-40 cm erreicht.
Die Laichzeit erstreckt sich von Februar bis April bei Wassertemperaturen von 5-10 °C.
Die Nahrung besteht anfangs vorwiegend aus Zooplankton und anderen Krebstieren (*Astacus*), sowie aus Insektenlarven. Später aber fast ausschließlich aus Fischen, sowie gelegentlich auch aus Amphibien (Frösche).
Der Südliche Hecht kann über 110 cm lang, 17 kg schwer und 13 Jahre alt werden.

Bedeutung:
Der Südliche Hecht hat eine geringe wirtschaftliche Bedeutung und ist vor allem für die Angelfischerei interessant.
Er ist durch Veränderungen seines Lebensraumes und vor allem durch Besatzmaßnahmen mit dem Nordischen Hecht gefährdet.

Südlicher Hecht (Jungfisch). (Foto: P.G. Bianco)

Esox lucius Linnaeus, 1758. **Nordischer Hecht**

Nordischer Hecht. (Foto: M. Hochleithner)

Beschreibung:
Rückenflosse mit 14-22 Strahlen, Afterflosse mit 12-19 Strahlen, 115-148 Schuppen entlang der Seitenlinie, 56-65 Wirbelknochen, 13-16 Branchiostegalstrahlen und 4-6 submandibulare Poren an jeder Seite.
Der langgestreckte, seitlich nur wenig zusammengedrückte Körper ist im Querschnitt oval. Die größte Körperhöhe beträgt 11,0-16,7 % und der Kopf 25,2-30,4 % der Gesamtlänge. Der lange, flache Kopf mit entenschnabelförmiger Schnauze ist an der Oberseite nicht beschuppt. Die Wangen sind meist komplett, die Kiemendeckel nur bis zur Höhe der Augen mit Schuppen bedeckt. Die Schnauze beträgt 42,5-46,8 % und der Augendurchmesser 10,7-20,6 % der Kopflänge. Das stark bezahnte, weit gespaltene Maul ist groß und horizontal. Die Maxillare reicht gewöhnlich bis zum Mittelpunkt des Auges. Brust-, Bauch- und Schwanzflosse sind an den Flossenspitzen abgerundet.
Die Oberseite ist grünbraun bis graubraun und die Unterseite weiß gefärbt. Ein goldgrünes Band verläuft gelegentlich vom Nacken bis zur Rückenflosse.

Jungfische haben 8-12 gelb-weiße vertikale Streifen an den Seiten, die sich ab einer Größe von 30-40 cm in 7-9 irreguläre horizontale Reihen von hellen ovalen bis bohnenförmigen Flecken verwandeln. Unterhalb des Auges befindet sich je ein dunkler Streifen, der nach hinten ausläuft, bei größeren Fischen jedoch sehr undeutlich zu sehen ist. Die unpaaren Flossen sind gelbgrün bis orangerot und mit großen schwarzbraunen Flecken oder Streifen besetzt. Die paarigen Flossen sind gewöhnlich ohne Flecken.
In einigen Gewässern (z.B.: Boden- und Chiemsee in Deutschland, Hemming und Sharbot Lake in Kanada, sowie Lake Belletaine in den USA) können gelegentlich auch silbrig bis metallisch grünblau schimmernde Farbvarianten (ohne längliche Reihen von hellen bohnenförmigen Flecken) vorkommen.

Verbreitung:
Der Nordische Hecht ist auf der Nordhalbkugel zirkumpolar verbreitet (70-36° Nördlicher Breite). In Nordamerika erstreckt sich das Verbreitungsgebiet von Alaska und Kanada, östlich der Rocky Mountains und westlich der Appalachen, bis Missouri und Nebraska. In Eurasien erstreckt sich das Verbreitungsgebiet östlich der Pyrenäen über den Balkan, den Aral- und Baikalsee bis zur Tschuktschenhalbinsel in Sibirien.
Er fehlt im arktischen Norden Kanadas, Sibiriens, Skandinaviens und Schottlands sowie auf der Iberischen und Apenninischen Halbinsel und den meisten Inseln. Die Nordgrenze fällt in etwa mit der Waldgrenze zusammen.
Der Nordische Hecht wurde in zahlreiche Gewässer eingebürgert. So im 14. Jahrhundert durch Mönche in Irland, sowie später mit Erfolg auch in Spanien, Portugal, Marokko und einigen anderen Ländern.

Lebensweise:
Der Nordische Hecht bevorzugt klare, pflanzenreiche, wärmere, stehende und langsam fließende Gewässer.
Die Geschlechtsreife wird je nach Wachstum, im Süden früher als im Norden, bei den Männchen meist mit 2-3 Jahren bei einer Größe von 30-40 cm und bei den Weibchen meist mit 3-4 Jahren bei einer Größe von 40-50 cm erreicht. Beim Fehlen von älteren Hechten oder in winterwarmen Gewässern (Wassertemperatur über 10 °C), können die Männchen auch schon ab einer Größe von ca. 20 cm und die Weibchen ab einer Größe von ca. 30 cm im Alter von 1 Jahr geschlechtsreif werden.

Die Laichzeit erstreckt sich, im Süden früher als im Norden, über 1-4 Wochen von Februar bis Juni bei Wassertemperaturen von 5-11 °C. Ältere Weibchen laichen meist früher als jüngere.
Zum Laichen wandern die Fische zum Uferbereich von Flüssen und Seen oder in überschwemmte Wiesen, wobei häufig jedes Jahr die gleichen Laichplätze aufgesucht werden, an denen die Männchen meist vor den Weibchen erscheinen. Die Eiabgabe erfolgt meist in mehreren kurzen Intervallen während 2-5 Tagen gleich nach dem Schmelzen des Eises. Die größeren Weibchen werden dabei gewöhnlich von mehreren kleineren Männchen begleitet, die üblicherweise neben dem Weibchen schwimmen, wobei sich die Augen der Fische etwa auf gleicher Höhe befinden. Die durchschnittlich 20.000-40.000 Eier je Kilogramm Körpergewicht mit einem Durchmesser von rund 2-3 mm werden während des Tages, bevorzugt über Pflanzen im flachen Wasser (Tiefe weniger als 50 cm), abgelegt. Die klebrigen Eier haften an Wasserpflanzen oder am Untergrund fest. Die Eientwicklung dauert je nach Wassertemperatur 5-30 Tage (100-140 Tagesgrade). Die frisch geschlüpften 6-9 mm langen und etwa 9-11 mg schweren Larven besitzen am Kopf eine Klebedrüse, mit der sie sich an Pflanzen oder Wurzelwerk anheften und dort den Dottersack aufzehren. Nach weiteren 10-20 Tagen (130-160 Tagesgrade) bei einer Größe von 12-15 mm und einem Gewicht von 11-13 mg bildet sich die Klebedrüse zurück; sie steigen zur Wasseroberfläche, wo die Schwimmblase mit Luft gefüllt wird, und es beginnt die aktive Nahrungsaufnahme.
Die Nahrung besteht anfangs vorwiegend aus Zooplankton (*Ceriodaphnia, Chydorus, Cyclops, Daphnia, Diaptomus, Simocephalus*) und anderen Krebstieren (*Asselus, Astacus, Gammarus*), sowie aus Insektenlarven (*Cricotopus, Palingenia, Libellula*). Später ab einer Größe von 3-5 cm werden aber fast ausschließlich Fische (*Abramis, Alosa, Anguilla, Catostomus, Coregonus, Cottus, Gasterosteus, Gobio, Gymnocephalus, Lepomis, Lota, Notropis, Pimephales, Perca, Rutilus, Salmo, Salvelinus, Sander, Scardinius, Tinca, Thymallus*), sowie gelegentlich auch Weichtiere (Muscheln, Schnecken), Amphibien (Frösche) und Reptilien (Schlangen), ja selbst Wasservögel (Eisvögel, Enten, Rallen) und Kleinsäuger (Mäuse, Ratten) gefressen.
Nur hohe und breite Fische, wie z.B. Karpfen, werden ungern gefressen. Generell sind große Beutefische energetisch wichtig, spielen zahlenmäßig jedoch eine untergeordnete Rolle (etwa 33 zu 7 %). Für viele Populationen sind Barsche (*Perca, Gymnocephalus*) die wichtigsten Beutefische.

Hechte können auch kannibalisch sein, speziell im ersten Lebensjahr. Später (ab 50 cm Länge) machen Artgenossen jedoch nur 1-2 % der Nahrung aus. In natürlichen Gewässern schwankt die Nahrungsaufnahme im Monatsdurchschnitt um das Zehnfache und die Weibchen nehmen etwa 1,5-2,5 mal mehr Nahrung auf als die Männchen.
Das Wachstum ist je nach Lebensraum sehr unterschiedlich und hängt von der Verfügbarkeit der Nahrung und der Wassertemperatur ab. Bei der Ernährung mit Fischen können Hechte, je nach Wassertemperatur und Futterangebot, im Alter von 1 Monat durchschnittlich etwa 5 cm und 1 g, mit 2 Monaten 10 cm und 6 g, mit 3 Monaten 15 cm und 20 g, mit 4 Monaten 20 cm und 50 g und mit 5 Monaten 25 cm und 100 g erreichen. Die Weibchen wachsen etwas schneller und werden auch größer und älter als die Männchen, die nur selten über 5 kg schwer werden.
Der Nordische Hecht kann über 175 cm lang, 40 kg schwer und 30 Jahre alt werden.

Bedeutung:
Der Nordische Hecht hat eine große wirtschaftliche Bedeutung und ist vor allem für die Angelfischerei von Interesse. Der Fang erfolgt am besten im Herbst oder im Frühjahr nach der Laichzeit, bevorzugt 1-2 h am Morgen und Abend, vor allem um die Bestände von Wasserpflanzen in Ufernähe (in Seen an der Scharkante, dem Übergang von Schar und Halde).
In Nordamerika schwankte der kommerzielle Fang in den Jahren 1913-1924 zwischen 1.665 und 3.465 t mit einem Durchschnitt von 2.511 t in Kanada und zwischen 145 und 273 t in den USA.
In Ontario/Kanada betrugen die kommerziellen Fänge in den Jahren 1952-1957 jährlich durchschnittlich 446 t, wobei etwa 52 % auf den Lake of the Woods und Rainy Lake und 10 % auf die Großen Seen entfallen. In diesen Jahren importierte die USA jährlich durchschnittlich 490 t Hechte aus Kanada. In den USA betrugen die kommerziellen Fänge in den Jahren 1952-1957 jährlich durchschnittlich 207 t, wobei etwa 41 % auf den Lake of the Woods und Rainy Lake, 38 % auf die Großen Seen, und der Rest auf den Red Lake und Mississippi River entfallen.
Der jährliche Gesamtfang aus der Fischerei betrug weltweit durchschnittlich in den 1950er Jahren 31.310 t (24.610 t UdSSR, 3.080 t Kanada, 4.400 t Finnland, 870 t Polen, 530 t Schweden, 410 t Türkei), in den 1960er Jahren 34.509 t (23.140 t UdSSR, 3.740 t Kanada, 6.250 t Finnland, 780 t Polen, 700 t Deutschland, 522 t Schweden, 317 t Türkei), in den 1970er Jahren 26.850 t (15.554 t UdSSR, 3.495 t Kanada, 5.925 t Finnland, 505 t Polen, 504 t Schweden, 502 t Türkei, 479 t Deutschland), in den 1980er Jahren 36.811 t (13.047 t UdSSR/GUS, 3.735 t Kanada,

16.957 t Finnland, 689 t Türkei, 555 t Schweden, 439 t Deutschland, 348 t Polen, 227 t Rumänien), in den 1990er Jahren 28.107 t (7.444 t GUS, 2.670 t Kanada, 13.928 t Finnland, 1.777 t Irland, 424 t Schweden, 385 t Polen, 293 t Türkei, 162 t Ungarn, 152 t Tschechei, 135 t Estland), und in den 2000er Jahren 25.123 t (10.974 t GUS, 2.081 t Kanada, 10.064 t Finnland, 319 t Polen, 276 t Deutschland, 230 t Türkei, 208 t Ungarn, 191 t Schweden, 179 t Estland, 163 t Tschechei, 103 t Rumänien).

Die Fische werden sowohl in Amerika als auch in Europa meist im Ganzen ausgenommen oder lebend vermarktet. In den letzten Jahren aber auch zuehmend als Filet.

Die jährliche Gesamtproduktion aus der Aquakultur betrug weltweit durchschnittlich in den 1950er Jahren 153 t (Tschechoslowakei), in den 1960er Jahren 244 t (Tschechoslowakei), in den 1970er Jahren 270 t (Tschechoslowakei), in den 1980er Jahren 551 t (351 t Tschechoslowakei), in den 1990er Jahren 1.440 t (745 t Weißrussland, 483 t Frankreich, 130 t Tschechoslowakei, 20 t Ungarn), und in den 2000er Jahren 472 t (109 t Russland, 84 t Tschechei, 50 t Ungarn, 31 t Weißrussland, 29 t Rumänien, 19 t Lettland, 17 t Bulgarien, 8 t Kroatien, 7 t Litauen, 3 t Österreich, 2 t Slowakei, 2 t Slowenien).

In Finnland und der Tschechoslowakei wurden in den 1970er Jahren jährlich jeweils ca. 20 Mio. Brütlinge erzeugt und in Gewässer gesetzt.

Nordischer Hecht. (Foto: P. Vecsei)

Esox masquinongy Mitchill, 1824. **Muskellunge**, Muskie

Muskellunge. (Foto: M. Krupa)

Beschreibung:
Rückenflosse mit 15-23 Strahlen, Afterflosse mit 14-19 Strahlen, 130-168 Schuppen entlang der Seitenlinie, 63-68 Wirbelknochen, 16-19 Branchiostegalstrahlen und 5-10 submandibulare Poren an jeder Seite.
Der langgestreckte, seitlich nur wenig zusammengedrückte Körper ist im Querschnitt oval. Die größte Körperhöhe beträgt 10,3-16,3 % und der Kopf 23,0-25,0 % der Gesamtlänge. Der breite, flache Kopf mit entenschnabelförmiger Schnauze ist an der Oberseite nicht beschuppt. Wangen und Kiemendeckel sind gewöhnlich nur bis zur Höhe der Augen mit Schuppen bedeckt. Die Schnauze beträgt 42,9-47,2 % und der Augendurchmesser 9,7-13,1% der Kopflänge. Das stark bezahnte, weit gespaltene Maul ist groß und horizontal. Die Maxillare reicht gewöhnlich bis über den Mittelpunkt des Auges. Brust-, Bauch- und Schwanzflosse sind an den Flossenspitzen zugespitzt.
Die Oberseite ist grünbraun bis silbergrau und die Unterseite weiß gefärbt. Ein goldgrünes Band verläuft meist vom Nacken bis zur Rückenflosse.

Die Seiten sind meist mit gleichmäßigen braungrauen vertikalen Streifen oder runden Flecken versehen, die jedoch, vor allem bei älteren Fischen, auch fehlen können. Die Flossen sind grünbraun bis rotbraun gefärbt und vor allem die unpaaren sind mit dunkleren Flecken besetzt.

Verbreitung:
Der Muskellunge kommt im Osten Nordamerikas, westlich der Appalachen, vom St. Lorenzstrom und den Großen Seen, über die Hudson Bay (Red River), bis zu den linksseitigen Zuflüssen des Mississippi Flusssystem vor (53-30° Nördlicher Breite).
In den 1970er Jahren wurde er im St. John River in Kanada eingebürgert. Er wurde auch in einige andere Gewässer im Süden und Westen der USA mit Erfolg eingebürgert.
Der Muskellunge wurde früher in drei Unterarten eingeteilt, die heute jedoch nicht mehr unterschieden werden:
Esox m. masquinongy Mitchill, 1824 - in den Zuflüssen des St. Lorenzstroms und der Großen Seen, eher mit einer Punktezeichnung;
Esox m. ohiensis Kirtland, 1854 - in den Zuflüssen des Ohio Rivers, eher mit Streifen-, schwacher Flecken- oder Punktezeichnung;
Esox m. immaculatus Jordan, 1888 - im restlichen Verbreitungsgebiet (in Wisconsin, Minnesota, im Nordwesten von Ontario und im Südosten von Manitoba), eher ohne Flecken- oder Punktezeichnung.

Lebensweise:
Der Muskellunge bevorzugt pflanzenreiche, klare, warme Seen und Kolke von langsam fließenden Flüssen und kommt meist nicht tiefer als 3 m, selten bis 10 m vor. Bei kälteren Temperaturen (10 °C) halten sich die Fische bei Sonnenaufgang eher in tieferen und bei Sonnenuntergang eher in geringeren Tiefen auf, wobei es bei wärmeren Temperaturen (30 °C) umgekehrt ist. Kleinere Fische (<50 cm) halten sich dabei in der Nacht in geringeren und am Tag in tieferen Wasserschichten auf als größere Fische (>110 cm), bei denen es genau umgekehrt ist. Bei kälteren Temperaturen sind die kleineren Fische auch aktiver als die größeren, wobei es bei wärmeren Temperaturen umgekehrt ist. Generell steigt die Aktivität bei zunehmenden und sinkt bei abnehmender Mondphase.
Die Geschlechtsreife wird mit einem Alter von 3-6 Jahren und einer Größe von 70-90 cm erreicht, wobei die Männchen meist ein Jahr vor den Weibchen geschlechtsreif werden.

Ist genügend Nahrung vorhanden bilden die Fische im Sommer und Winter Reviere von etwa 1-25 ha. Wenn die Reviere sich überlappen, verwenden die Fische die selben Gebiete gewöhnlich nicht zur selben Zeit. Die größte Wanderung außerhalb dieser Reviere kann im Frühjahr und Herbst verzeichnet werden, wenn die Wassertemperatur zwischen 10 und 15 °C beträgt und die Reviere oft aufgegeben werden. Wenn die Wassertemperatur auf ca. 10 °C steigt, wandern die Laichfische zum Laichen bis zu 20 km von den Winterungsplätzen in seichte (Tiefe 30-100 cm) pflanzenreiche Gewässerabschnitte. Dabei werden jedes Jahr meist die selben Laichplätze aufgesucht an denen sie auch selbst geschlüpft bzw. aufgewachsen sind.
Die Laichzeit erstreckt sich von April bis Mai bei Wassertemperaturen von 9-15 °C. Die Abgabe der durchschnittlich etwa 80.000-120.000 Eier erfolgt meist nach dem Schmelzen des Eises. Die größeren Weibchen werden dabei oft von ein bis zwei kleineren Männchen begleitet. Wenn die Bauchregion der Laichfische sich berührt, werden dabei während mehrerer Tage in Intervallen und über eine relativ große Fläche verteilt, Eier abgegeben und befruchtet. Die 2,5-3,5 mm großen Eier sinken ins Substrat, kleben aber nicht fest. Die Entwicklungszeit der Eier bis zum Schlupf beträgt bei einer Wassertemperatur von 12-17 °C etwa 8-14 Tage. Die frisch geschlüpften Larven sind 9,5-10,3 mm lang. Nach 8-12 Tagen beginnt die aktive Nahrungsaufnahme. Die Jungfische werden gelegentlich von Barschen (*Perca, Micropterus, Ambloplites, Lepomis*) und anderen Hechten gefressen.
Die Nahrung besteht anfangs aus Zooplankton und Insekten und ab einer Größe von etwa 3-5 cm zu 95 % aus Fischen (*Ambloplites, Catostomus, Coregonus, Cyprinus, Hiodon, Ictalurus, Micropterus, Moxostoma, Notemigonus, Perca, Pimephales, Prosopium, Sander*), sowie gelegentlich aus Krebsen, Amphibien, Reptilien, Wasservögeln und Kleinsäugern (*Ondatra*). Der Muskellunge bevorzugt eher Fische mit Weichstrahlen, in fast allen Gewässern spielt jedoch der Gelbbarsch mit ca. 30 % die wichtigste Rolle als Nahrung.
Das Wachstum ist schnell, hängt aber stark vom Lebensraum, sowie der Verfügbarkeit der Nahrung und von der Wassertemperatur ab. Die Weibchen wachsen etwas schneller und werden auch größer und älter als die Männchen. Der Muskellunge wächst aber generell langsamer als der Nordische Hecht.
Der Muskellunge kann über 210 cm lang, 50 kg schwer und 30 Jahre alt werden. Er ist somit der größte Vertreter unter den Hechten.

Bedeutung:

Der Muskellunge ist vor allem für die Angelfischerei von besonderer Bedeutung. In Kanada wurde er (vor 1904 in Ontario und vor 1936 in Quebec) auch kommerziell befischt. Dann wurde die Berufsfischerei aber zugunsten der Angelfischerei eingestellt. Er wird generell im Sommer und Herbst gefangen und mit größeren Ködern als der Nordische Hecht. In wenigen Staaten (Michigan) erfolgt im Winter unter Eis auch eine Speerfischerei, wodurch von Mitte der 1990er bis Mitte der 2000er Jahre so offiziell insgesamt 1.100 Stück erbeutet wurden. In Nordamerika werden aber heute über 90 % der mit der Angel gefangenen Muskellunge wieder freigelassen (Catch & Release). In Teilen von Tennessee und Ohio ist der Muskellunge geschützt.

In Nordamerika wird der Muskellunge auch künstlich vermehrt. Die Fische werden meist in Becken oder Teichen bis zu einer Länge von 20-30 cm gezogen und im Herbst als Besatzmaterial abgegeben. In einigen Staaten (USA) wird der Bestand teilweise durch Besatz gestützt. Der Nordische Hecht ist ein direkter Konkurrent für den Muskellunge in Bezug auf Nahrung, Lebensraum und Laichplätze. Wo die beiden Arten zusammen vorkommen, dominiert meist der Nordische Hecht aufgrund der früheren Laichzeit, eines niedrigeren Temperaturoptimums und des schnelleren Wachstums. In Nordamerika kommt der Nordische Hecht in etwa 54 % und der Muskellunge nur in etwa 1 % der Gewässer vor. Auch wenn die beiden Arten ähnlich und zur gleichen Zeit laichen können, legt der Muskellunge seine wenig klebenden Eier bevorzugt in gut durchströmte eher fließende Gewässer, und der Nordische Hecht seine klebrigen Eier bevorzugt in ruhige, eher stehende Gewässer ab.

Muskellunge. (Foto: M. Krupa)

Esox reichertii Dybowski, 1869. **Amurhecht**

Amurhecht. (Foto: J. Jensen)

Beschreibung:
Rückenflosse mit 14-22 Strahlen, Afterflosse mit 12-18 Strahlen, 105-165 Schuppen entlang der Seitenlinie, 60-67 Wirbelknochen, 11-15 Branchiostegalstrahlen und 5-6 submandibulare Poren an jeder Seite.

Der langgestreckte, seitlich nur leicht zusammengedrückte Körper ist im Querschnitt oval. Der Kopf ist lang und mit entenschnabelförmiger Schnauze. Das stark bezahnte, weit gespaltene Maul ist groß und horizontal. Die Maxillare reicht bis unter den Vorderrand des Auges. Der Amurhecht hat feinere Schuppen und ist am Kopf etwas stärker beschuppt als der Nordische Hecht. Die Wangen sind meist zur Gänze, die Kiemendeckel nur bis zur Höhe der Augen mit Schuppen bedeckt. Brust-, Bauch- und Schwanzflosse sind an den Spitzen zugespitzt.

Die Oberseite ist grünbraun bis schwarzbraun und die Unterseite weiß gefärbt. Die Seiten sind silbrig bis golden und inklusive Kopf und Flossen mit kleinen schwarzbraunen runden Flecken versehen, die etwa halb so groß wie das Auge sind. Die paarigen Flossen sind orangebraun bis grau. Die Jungfische sind ähnlich gefärbt wie die des Nordischen Hechts und haben statt der runden Flecken oft schmale Querbänder an der Seite.

Verbreitung:
Der Amurhecht kommt im Nordosten Asiens im Amur Flusssystem mit Shanshu, Argun, Ufa, Utaveen, Chegetun, Velenski, Amagar, Shilka, Onon, Ingoda, Sungari und Ussuri sowie in Tugur und Uda, in Russland, China und der Mongolei sowie auf der Insel Sachalin (Tym und Poronai) vor (55-43° Nördlicher Breite), wo er den Nordischen Hecht ablöst.
Er wurde auch in einem See in Pennsylvania, USA eingebürgert.

Lebensweise:
Über die Lebensweise des Amurhechts ist relativ wenig bekannt, sie dürfte aber dem Nordischen Hecht sehr ähnlich sein.
Die Laichzeit erstreckt sich von März bis Mai, wenn durch Hochwasser die Uferpflanzen überschwemmt werden.
Die Eimenge schwankt zwischen 7.000-57.000 Eier/kg Körpergewicht und beträgt durchschnittlich etwa 20.000-30.000 Eier/kg Körpergewicht.
Die Nahrung besteht hauptsächlich aus Fischen sowie Wirbellosen.
Das Wachstum ist je nach Lebensraum, Wassertemperatur und Futterangebot unterschiedlich. Er erreicht etwa im 1. Jahr 12-22 cm, im 2. Jahr 23-33 cm, im 3. Jahr 34-44 cm, im 4. Jahr 45-50 cm, im 5. Jahr 50-55 cm und im 6. Jahr 55-60 cm.
Der Amurhecht kann über 120 cm lang, 20 kg schwer und 15 Jahre alt werden.

Bedeutung:
Der Amurhecht hat eine mäßige wirtschaftliche Bedeutung. Gefangen wird er mit Reusen und Netzen sowie anderen Fanggeräten.
Angelfischereilich wird er oft im Winter gefangen.

Amurhecht. (Foto: J. Jensen)

Esox americanus Gmelin, 1789. **Rotflossenhecht**

Rotflossenhecht. (Foto: R. Goldstein)

Beschreibung:

Rückenflosse mit 15-21 Strahlen, Afterflosse mit 13-18 Strahlen, 86-116 Schuppen entlang der Seitenlinie, 46-51 Wirbelknochen, 11-16 Branchiostegalstrahlen und 3-6 submandibulare Poren an jeder Seite.

Der robuste, langgestreckte Körper ist im Querschnitt fast rund, mit flacher bis leicht konkaver Rückenoberfläche. Die größte Körperhöhe beträgt 13,6-18,3 % und der Kopf 24,2-25,7 % der Gesamtlänge. Der große, flache Kopf ist an der Oberseite nicht beschuppt. Wangen und Kiemendeckel sind komplett mit Schuppen bedeckt. Die kurze, breite, entenschnabelartige Schnauze ist an der Oberseite zwischen den Augen und der Schnauzenspitze leicht konvex. Die Schnauze beträgt 33,8-38,6 % und der Augendurchmesser 13,4-14,5 % der Kopflänge. Das Maul ist breit und horizontal. Die Maxillare reicht gewöhnlich über den Mittelpunkt des Auges.

Die Oberseite ist hellbraun bis dunkelgrün und die Unterseite dunkelgelb bis weiß gefärbt und manchmal mit dunklen Flecken versehen. Ein unauffälliges helles Band verläuft vom Nacken bis zur Rückenflosse. Die Seiten sind mit 20-36 olivgrünen bis braunschwarzen, vertikalen, welligen

Flecken versehen, dazwischen sind hellere schmalere Stellen sichtbar (Seitenband im juvenilen Stadium). Unterhalb des Auges befindet sich je ein schwarzer Streifen, der spitz nach hinten gebogen ausläuft. Die seitlichen Enden der Kiefer sind stark pigmentiert, bei den Weibchen etwas stärker als bei den Männchen. Die Rückenflosse ist dunkel, die restlichen Flossen rot bis orange gefärbt.

Verbreitung:
Der Rotflossenhecht kommt im Osten Nordamerikas, östlich der Appalachen, vom St. Lorenzstrom in Quebec, Kanada bis zum Pascagoula River Flusssystem in Florida, USA sowie in Flusssystemen die in den Golf von Mexiko entwässern, von Alabama bis Florida, USA vor (50-26° Nördlicher Breite).
Die Populationen der Golfstaaten von Mississippi bis Florida bestehen möglicherweise teilweise aus Hybriden mit dem Grashecht.
In Maryland und Pennsylvania wurde der Rotflossenhecht eingebürgert.

Lebensweise:
Der Rotflossenhecht bevorzugt pflanzenreiche Seen, Teiche, Sümpfe und Tümpel mit klarem, eher saurem Wasser. Oft kann er auch in langsam bis mäßig schnell fließenden Bächen und Flüssen angetroffen werden und hält sich dort gern an den Rändern versteckt, unter überhängenden Steinblöcken auf.
Die Geschlechtsreife wird meist im Alter von 2 Jahren bei einer Größe von 15-20 cm erreicht.
Die Laichzeit erstreckt sich, im Süden früher als im Norden, über 2-4 Wochen von Februar bis Mai bei Wassertemperaturen von 4-18 °C.
Zum Laichen wandern die Fische von größeren Flüssen und Seen in kleinere Fließgewässer. Beim Laichen, das meist in Gruppen von einem Weibchen und mehreren Männchen erfolgt, werden die 5.000-15.000 Eier über Wasserpflanzen oder gelegentlich in überschwemmte Wiesen oder Sümpfen im seichten Wasser verstreut abgegeben und kleben am Substrat fest. Die Entwicklungsdauer der 1,8-2,0 mm großen Eier beträgt bei einer Wassertemperatur von 8-9 °C etwa 11-15 Tage. Die frisch geschlüpften Larven sind 5,8-6,1 mm lang und gehen nach weiteren 10-12 Tagen zur exogenen Nahrungsaufnahme über.
Die Nahrung besteht hauptsächlich aus Insektenlarven, Krebstieren und Fischen, sowie gelegentlich aus Amphibienlarven.
Das Wachstum ist relativ langsam. Er erreicht etwa im 1. Jahr 10-15 cm, im 2. Jahr 15-20 cm, und im 3. Jahr 20-30 cm. Die Weibchen wachsen etwas schneller und werden auch größer und älter als die Männchen.

Der Rotflossenhecht kann über 40 cm lang, 0,5 kg schwer und 8 Jahre alt werden.

Bedeutung:
Der Rotflossenhecht hat eine geringe wirtschaftliche Bedeutung. Er wird jedoch gelegentlich mit Reusen und Netzen gefangen und wurde früher vor allem im Osten der USA auf Märkten angeboten.
Angelfischereilich wird der Rotflossenhecht oft im seichten Wasser von kleinen Flüssen und Bächen mit 2-3 cm langen Köderfischen auf kleinem Einzelhaken (Nr. 8) oder Fliegen in der Nähe von genügend Deckung gefangen.

Rotflossenhecht. (Foto: R. Goldstein)

Esox niger LeSueur, 1818. **Kettenhecht**, Schwarzhecht

Kettenhecht. (Foto: G. Sackett)

Beschreibung:
Rückenflosse mit 14-21 Strahlen, Afterflosse mit 11-19 Strahlen, 87-140 Schuppen entlang der Seitenlinie, 49-55 Wirbelknochen, 14-17 Branchiostegalstrahlen und 3-5 submandibulare Poren an jeder Seite.
Der langgestreckte, relativ schlanke, seitlich nur leicht zusammengedrückte Körper ist im Querschnitt oval. Der lange, flache Kopf mit entenschnabelförmiger Schnauze ist an der Oberseite nicht beschuppt und beträgt 26,1-28,5 % der Gesamtlänge. Die Wangen und Kiemendeckeln sind komplett mit Schuppen bedeckt. Die lange, flache Schnauze beträgt 44,3-48,0 % und der Augendurchmesser 13,0-15,0 % der Kopflänge. Das stark bezahnte, weit gespaltene Maul ist groß und horizontal. Die Maxillare reicht bis unter oder leicht über den Vorderrand des Auges. Brust- und Bauchflossen sind an den Flossenspitzen abgerundet, die Schwanzflosse leicht zugespitzt.
Die Oberseite ist grünbraun bis schwarz gefärbt und mit hellen vertikalen Streifen unterbrochen. Die Unterseite ist weiß gefärbt. Ein goldgelbes Band verläuft vom Nacken bis zur Rückenflosse.

Die Seiten sind gelbgrün und ab einer Größe von 15-20 cm mit dunklen kettenartigen Zeichnungen versehen. Unterhalb des Auges befindet sich meist je ein dunkler Streifen, der leicht schräg nach hinten ausläuft, bei größeren Fischen jedoch meist nur mehr schwach zu sehen ist. Der Ansatz der Schwanzflosse ist dunkel marmoriert. Die Flossen haben keine Flecken und sind mit dunklen Spitzen versehen. Vor allem die Flossenstrahlen der Rücken-, After- und Schwanzflosse sind dunkel pigmentiert mit dazwischenliegenden hellen Membranen.

Verbreitung:
Der Kettenhecht kommt im Osten Nordamerikas, östlich der Appalachen, in Zuflüssen des Atlantiks von Maine bis nach Florida, die Golfküste westwärts bis zum Sabine Lake in Louisiana, und im Mississippi River Becken nordwärts bis Kentucky und Missouri, USA vor (46-25° Nördlicher Breite).
Er wurde auch nördlich und westlich der Appalachen in Ontario (Lake Ontario), Neubraunschweig (St. John River) und Neuschottland (East River) in Kanada, sowie New York (Lake Erie), Ohio (Long Lake), Pennsylvania und Colorado in den USA mit Erfolg eingebürgert.

Lebensweise:
Der Kettenhecht bevorzugt pflanzenreiche Seen, Teiche und Sümpfe, sowie größere Kolke von langsam fließenden Bächen und kleinen bis mittleren Flüssen (bis 3-6 m Tiefe). Er toleriert einen pH-Wert bis 4, was ihm das Leben auch in besonders sauren Gewässern ermöglicht. Gelegentlich kommt er auch im Brackwasser (Salinität bis 15 ‰) vor. Manchmal wird er auch an tiefen kühlen Stellen mit wenig bis keiner Vegetation angetroffen.
Adulte Fische halten sich im Winter in tieferen Wasser auf und wandern zur Laichzeit gleich nach dem Auftauen des Eises nahe ans Ufer.
Die Geschlechtsreife wird mit einem Alter von 2-4 Jahren erreicht, wobei die Weibchen meist ein Jahr vor den Männchen geschlechtsreif werden.
Die Laichzeit erstreckt sich über 7-10 Tage von März bis Mai bei Wassertemperaturen von 8-11 °C.
Die Laichabgabe erfolgt gewöhnlich tagsüber an überfluteter Vegetation in einer Tiefe von 1-3 Meter und erfolgt während 1-2 Tagen in Intervallen.
Die 10.000-30.000 klebrigen rund 1,9-2,1 mm großen Eier werden meist vom etwas größeren Weibchen über Wasserpflanzen verteilt abgegeben und von 1-2 kleineren Männchen befruchtet. Die Entwicklungszeit der Eier bis zum Schlupf beträgt je nach Wassertemperatur etwa 6-12 Tage.

Die frisch geschlüpften 4,2-7,0 mm langen Larven heften sich mit Hilfe der Klebedrüse für etwa 7 Tage an Wasserpflanzen fest und mit einer Länge von etwa 9-11 mm beginnt die aktive Nahrungsaufnahme. Die Jungfische werden gelegentlich von anderen Fischen (Barschen), sowie Amphibien (Fröschen) und Wasservögeln (Säger, Taucher, Reiher) gefressen.
Die Nahrung besteht anfangs aus Zooplankton und Insektenlarven, später ab einer Größe von 10-15 cm hauptsächlich aus Fischen (*Lepomis, Pimephales, Ictalurus*) und gelegentlich auch aus Artgenossen sowie, anderen größeren Wirbellosen und in seltenen Fällen aus Kleinsäugern, Reptilien und Amphibien.
Das Wachstum ist mittelmäßig. Er erreicht etwa im 1. Jahr 15-20 cm, im 2. Jahr 20-30 cm, im 3. Jahr 30-40 cm, und im 4. Jahr 40-50 cm. Die Weibchen wachsen etwas schneller und werden auch größer und älter als die Männchen.
Der Kettenhecht kann über 100 cm lang, 4,5 kg schwer und 9 Jahre alt werden.

Bedeutung:
Der Kettenhecht hat eine geringe wirtschaftliche Bedeutung. In manchen Regionen Nordamerikas ist er jedoch für die Angelfischerei von Bedeutung. Oft wird er im Winter unter Eis gefangen. Im Südosten Nordamerikas ist der Kettenhecht und seine Hybriden auch als Raubfisch für kleinere Gewässer gefragt.

Esox vermiculatus LeSueur, 1846. **Grashecht**

Grashecht. (Foto: R. Pollock)

Beschreibung:

Rückenflosse mit 13-19 Strahlen, Afterflosse mit 13-18 Strahlen, 78-124 Schuppen entlang der Seitenlinie, 42-54 Wirbelknochen, 9-15 Branchiostegalstrahlen und 3-5 submandibulare Poren an jeder Seite.

Der robuste, langgestreckte Körper ist im Querschnitt fast rund, mit flacher bis leicht konkaver Rückenoberfläche. Die größte Körperhöhe beträgt 12,1-17,4 % und der Kopf 27,9-31,4 % der Gesamtlänge. Der große, flache Kopf ist an der Oberseite nicht beschuppt. Wangen und Kiemendeckel sind komplett mit Schuppen bedeckt. Die kurze, breite, entenschnabelartige Schnauze ist an der Oberseite zwischen den Augen und der Schnauzenspitze leicht konkav. Die Schnauze beträgt 37,0-41,6 % und der Augendurchmesser 13,4-16,0 % der Kopflänge. Das Maul ist breit und horizontal. Die Maxillare reicht gewöhnlich nicht über den Mittelpunkt des Auges.

Die Oberseite ist hellbraun bis dunkelgrün und die Unterseite hellgelb bis weiß gefärbt, und manchmal mit dunklen Flecken versehen. Ein unauffälliges rostbraunes Band verläuft vom Nacken bis zur Rückenflosse.

Die Seiten sind mit 12-24 olivgrünen bis schwarzen, schmalen vertikalen Flecken versehen, dazwischen sind hellere breitere Stellen sichtbar (gold-grünes Seitenband im juvenilen Stadium). Unterhalb des Auges befindet sich je ein schwarzer Streifen, der nach unten bis leicht nach vorne gebogen spitz ausläuft. Die seitlichen Enden der Kiefer sind wenig pigmentiert. Die Rückenflosse ist dunkel, die restlichen schmutzig grau bis gelbgrün gefärbt. Der äußere Rand aller Flossen ist oft dunkel.

Verbreitung:
Der Grashecht kommt im Osten Nordamerikas, westlich der Appalachen, vom St. Lorenzstrom in Quebec, Kanada über die Großen Seen bis zum Mississippi Flusssystem, USA vor (50-26° Nördlicher Breite).
Die Populationen der Golfstaaten von Mississippi bis Florida bestehen möglicherweise teilweise aus Hybriden mit dem Rotflossenhecht.
In Colorado, Washington und Kalifornien wurde der Grashecht eingebürgert.
Der Grashecht wird gelegentlich auch als Unterart des Rotflossenhechts angesehen. Das teilweise sympatrische Vorkommen sowie die morphologischen und meristischen Unterschiede erlauben jedoch die Anerkennung als Art.

Lebensweise:
Der Grashecht bevorzugt pflanzenreiche Seen, Teiche, Sümpfe und Tümpel mit klarem, eher alkalischem Wasser. Oft kann er auch in Überschwemmungsgebieten und Auen von langsam fließenden Flüssen und Bächen angetroffen werden.
In der Lebensweise ist der Grashecht dem Rotflossenhecht sehr ähnlich, dem er auch nahe steht.
Die Geschlechtsreife wird meist im Alter von 1-2 Jahren bei einer Größe von 15-20 cm erreicht.
Die Laichzeit erstreckt sich, im Süden früher als im Norden, über 2-4 Wochen von Februar bis Mai bei Wassertemperaturen von 7-12 °C.
Zum Laichen wandern die Fische von größeren Flüssen und Seen in kleinere Fließgewässer. Beim Laichen, das meist in Gruppen von einem Weibchen und mehreren Männchen erfolgt, werden die Eier über Wasserpflanzen oder gelegentlich in überschwemmte Wiesen oder Sümpfen im seichten Wasser verstreut abgegeben und kleben am Substrat fest. Die Entwicklungsdauer der 1,4-2,5 mm großen Eier beträgt bei einer Wassertemperatur von 8-9 °C etwa 11-15 Tage. Die frisch geschlüpften Larven sind 5,0-6,4 mm lang und gehen nach 10-14 Tagen zur exogenen Nahrungsaufnahme über.

Die Jungfische werden gelegentlich von anderen Fischen (Barschen, Welsen) gefressen.
Die Nahrung besteht anfangs hauptsächlich aus Zooplankton, ab einer Länge von 2-5 cm meist aus Insektenlarven und ab einer Länge von 5-15 cm überwiegend aus anderen Krebsen und Fischen (*Etheostoma, Campostoma, Catostomus, Elassoma, Erimyzon, Esox, Fundulus, Labidesthes, Lepomis, Micropterus, Notemigonus, Notropis, Perca, Semotilus, Umbra,*), sowie selten aus Schnecken, Spinnen (*Dolomedes*), Amphibien (*Eurycea, Siren*) und Reptilien (*Eumeces*). Gelegentlich werden auch Detritus und Pflanzen mit aufgenommen.
Das Wachstum ist relativ langsam. Er erreicht im 1. Jahr etwa 10-15 cm, im 2. Jahr 15-20 cm, im 3. Jahr 20-25 cm, und im 4. Jahr 25-30 cm. Die Weibchen wachsen etwas schneller und werden auch größer und älter als die Männchen.
Der Grashecht kann über 35 cm lang, 0,4 kg schwer und 7 Jahre alt werden.

Bedeutung:
Der Grashecht hat keine wirtschaftliche Bedeutung. Er wird jedoch gelegentlich mit der Angel gefangen.
Er eignet sich von allen Hechtfischen am ehesten für die Haltung in Aquarien.

HUNDSFISCHE
Umbridae

Der Körper und der ganze Kopf, mit Ausnahme der Schnauze und des Kinns, sind mit großen Rundschuppen besetzt. Die Seitenlinie mit Poren ist schwach entwickelt oder fehlt.
Rücken- und Afterflosse sind weit zurückgesetzt und befinden sich etwa gegenüber. Die Schwanzflosse mit 10-40 Flossenstrahlen ist abgerundet. Alle Flossen sind nur von Weichstrahlen (keine Stachelstrahlen) gestützt. Das kurze, leicht oberständige Maul ist klein und schwach bezahnt. Das Unter- und Zwischenkiefer sowie Gaumen- und Pflugscharbein sind mit kleinen Bürstenzähnen besetzt. Der Oberkieferknochen und das Zungenbein sind zahnlos.
Der mandibulare Sensorkanal ist relativ groß, der Infraorbitalkanal ist mit 3 oder weniger Sensorporen besetzt. 3-9 Branchiostegalstrahlen unter dem Kiemendeckel. 32-42 Wirbelknochen.
Basisphenoid fehlt, Mesopterygoid groß, Nasenbein reduziert oder fehlend, Inframandibulare vorhanden. Orbitosphenoid und Mesocoracoid fehlt. Pylorusanhänge, Fettflosse und Barteln fehlen. Schwimmblase mit Schwimmblasengang.
Die Chromosomenzahl der Hundsfische ist variabel und beträgt: 2n = 22-78.
Hundsfische kommen im Süßwasser der Bäche und Tümpel in Europa, Asien und Amerika vor. Sie sind besonders an pflanzenreiche ruhige Gewässer gebunden, sind generell schlechte Schwimmer und schwimmen durch abwechselnden Gebrauch der Brust- und Bauchflossen ähnlich wie ein Hund (Name).
Die Eier werden vom Weibchen meist in eine vorbereitete Mulde oder in dichte Polster aus Wasserpflanzen abgelegt und Brutpflege betrieben. Hundsfische sind zur akzessorischen Schwimmblasenatmung fähig, bei der atmosphärische Luft in die Schwimmblase gedrückt und von den stark vaskularisierten Wandungen der Schwimmblase ein reger Gasaustausch mit dem Blut erfolgt. Bei Gefahr oder wenn die Gewässer austrocknen, können sie sich im Schlamm eingraben und so einige Zeit überleben. Sie tolerieren niedrige Sauerstoffwerte, extreme Wassertemperaturen von 0-35 °C, sowie einen pH-Wert von 4-9.
Hundsfische sind generell kleinwüchsig. Sie sind beliebte Aquarienfische und haben eine geringe wirtschaftliche Bedeutung.
3 rezente Gattungen: *Dallia, Novumbra, Umbra.*

Dallia admirabilis Chereshnev, 1980. **Amguema-Schwarzfisch**, Amguema-Hundsfisch

Beschreibung:
Rückenflosse mit 10-15 Strahlen, Afterflosse mit 12-16 Strahlen, 75-101 Schuppen entlang der Seitenlinie, 7-9 Branchiostegalstrahlen, 9-15 kurze Kiemenreusendornen, 40-42 Wirbelknochen.
Der langgestreckte Körper ist im Querschnitt oval und erreicht eine Höhe von 16-19 % und der Kopf eine Länge von 23-27 % der Standardlänge. Die Schnauze ist kurz und die Maxillare erreicht 24-40 % der Kopflänge. Die Augen sind relativ klein und erreichen einen Durchmesser von 14-21 % und der Augenabstand 34-46 % der Kopflänge. Die weit zurück gesetzte Rückenflosse befindet sich kurz vor dem Ansatz der Afterflosse. Der Ansatz der Afterflosse ist etwas länger als der Ansatz der Rückenflosse. Die Männchen haben eine etwas höhere Rücken- und Afterflosse. Die kurzen Bauchflossen mit 1-3 Strahlen stehen vor der Geschlechtsöffnung. Die Brustflossen mit 20-37 Strahlen sind groß und abgerundet. Die Schwanzflosse mit 27-37 Strahlen ist breit und gerundet. Die Oberseite ist dunkelbraun bis graugrün, die Unterseite hellgrau gefärbt und mit kleinen dunklen graubraunen Flecken versehen. Die Flossen sowie Seiten sind hellbraun bis graugrün und mit 8-11 irregulären dunklen graubraunen Streifen oder Flecken versehen.

Verbreitung:
Der Amguema-Schwarzfisch kommt in Russland im Nordosten Sibiriens im Amguema Flusssystem vor (69-67° Nördlicher Breite).

Lebensweise:
Der Amguema-Schwarzfisch hält sich meist in Sümpfen und Tümpeln der Tundra mit starker Vegetation auf, gelegentlich wird er auch in Flüssen und Seen mit reichlich Vegetation angetroffen.
Über die Lebensweise des Amguema-Schwarzfisch ist wenig bekannt, sie dürfte aber dem Alaska-Schwarzfisch sehr ähnlich sein.
Die Nahrung besteht aus Insekten, sowie Krebs- und Weichtieren.
Die Männchen wachsen etwas schneller als die Weibchen und werden auch älter.
Der Amguema-Schwarzfisch kann bis zu 15 cm lang werden.

Bedeutung:
Der Amguema-Schwarzfisch hat wirtschaftlich keine Bedeutung.

Dallia delicatissima Smitt, 1881. **Pilkhikay-Schwarzfisch**, Pilkhikay-Hundsfisch

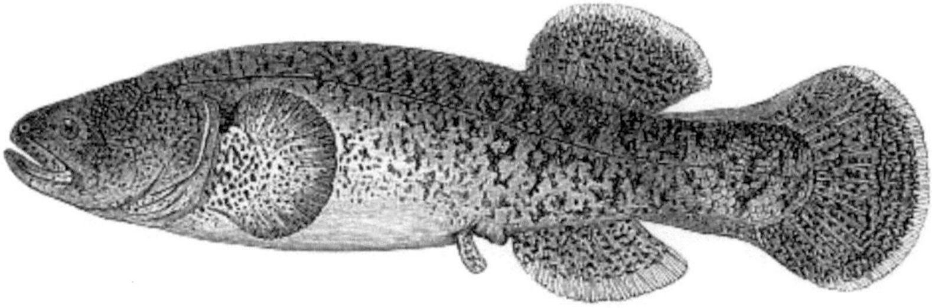

Pilkhikay-Schwarzfisch. (Zeichnung: M. Westergren)

Beschreibung:
Rückenflosse mit 10-15 Strahlen, Afterflosse mit 13-15 Strahlen, 85-103 Schuppen entlang der Seitenlinie, 7-8 Branchiostegalstrahlen, 10-11 kurze Kiemenreusendornen, 40-42 Wirbelknochen.
Der langgestreckte, im Querschnitt ovale Körper erreicht eine Höhe von 17-22 % und der kurze Kopf eine Länge von 21-26 % der Standardlänge. Die Schnauze ist lang und die Maxillare erreicht 33-45 % der Kopflänge. Die Augen sind klein und erreichen einen Durchmesser von 11-15 % und der Augenabstand 38-50 % der Kopflänge. Die weit zurück gesetzte Rückenflosse befindet sich kurz vor dem Ansatz der Afterflosse. Der Ansatz der Afterflosse ist etwas länger als der Ansatz der Rückenflosse. Die Männchen haben eine etwas höhere Rücken- und Afterflosse. Die kurzen Bauchflossen mit 1-3 Strahlen stehen vor der Geschlechtsöffnung. Die Brustflossen mit 20-28 Strahlen sind groß und abgerundet. Die Schwanzflosse mit 29-37 Strahlen ist breit und gerundet.
Die Oberseite ist hellgrau bis braun, die Unterseite gelb bis weiß gefärbt und ohne Flecken versehen. Die Flossen sowie Seiten sind graubraun und mit irregulären bis ringförmigen dunklen Flecken versehen. Insgesamt ist die Färbung heller als bei den beiden anderen Schwarzfischen.

Verbreitung:
Der Pilkhikay-Schwarzfisch kommt in Russland im Nordosten Sibiriens auf der Tschuktschenhalbinsel nahe der Küste des Arktischen Ozeans im Bereich des Kap Genretlen vor (68-66° Nördlicher Breite).

Lebensweise:
Der Pilkhikay-Schwarzfisch hält sich meist im Süßwasser von Lagunen und Sümpfen mit starker Vegetation auf.
Über die Lebensweise des Pilkhikay-Schwarzfisch ist wenig bekannt, sie dürfte aber dem Alaska-Schwarzfisch sehr ähnlich sein.
Die Nahrung besteht aus Insekten, sowie Krebs- und Weichtieren.
Die Männchen wachsen etwas schneller als die Weibchen und werden auch älter.
Der Pilkhikay-Schwarzfisch kann bis zu 20 cm lang werden.

Bedeutung:
Der Pilkhikay-Schwarzfisch hat wirtschaftlich keine Bedeutung.

Dallia pectoralis Bean, 1880. **Alaska-Schwarzfisch**, Alaska-Hundsfisch

Alaska-Schwarzfisch. (Foto: J. Brill)

Beschreibung:

Rückenflosse mit 10-16 Strahlen, Afterflosse mit 11-16 Strahlen, 52-100 Schuppen entlang der Seitenlinie, 6-9 Branchiostegalstrahlen, 8-13 kurze Kiemenreusendornen, 39-42 Wirbelknochen.

Der langgestreckte, im Querschnitt ovale Körper erreicht eine Höhe von 16-21 %, und der lange Kopf eine Länge von 26-31 % der Standardlänge. Die Schnauze ist lang und die Maxillare erreicht 30-42 % der Kopflänge. Die Augen sind relativ groß und erreichen einen Durchmesser von 18-24 %, und der Augenabstand 25-33 % der Kopflänge. Die weit zurück gesetzte Rückenflosse befindet sich kurz vor dem Ansatz der Afterflosse. Der Ansatz der Afterflosse ist etwas länger als der Ansatz der Rückenflosse. Die Männchen haben eine etwas höhere Rücken- und Afterflosse. Die langen Bauchflossen mit 2-4 Strahlen stehen vor der Geschlechtsöffnung. Die Brustflossen mit 30-38 Strahlen sind groß und abgerundet. Die Schwanzflosse mit 30-39 Strahlen ist breit und gerundet.

Die Oberseite ist grünbraun bis grauschwarz, die Unterseite hellgrau gefärbt und mit dunklen Flecken versehen. Die Flossen sowie Seiten sind graubraun und mit 4-8 irreguläre schwarzen Streifen oder Flecken versehen. Die Rücken-, After- und Schwanzflosse besitzen helle Ränder, welche bei den Männchen zur Laichzeit rosa bis rot werden. Bis zu einer Größe von 2-3 cm haben die Jungfische drei dunkle Flecken am Schwanzstiel.

Verbreitung:
Der Alaska-Schwarzfisch kommt in Russland in Sibirien auf der Tschuktschenhalbinsel vom Ioniveem über Utaveem bis Koolenveem Flusssystem, und in Nordamerika in Alaska vom Colville über Topagoruk und Alaktuk River südwärts entlang der Küste über Kobuk und Backland River bis über die Sewardhalbinsel und landeinwärts im Yukon-Tanana und Kuskokwim Flusssystem, sowie auf den Beringsee Inseln St. Lawrence, St. Matthew und Nunivak vor (72-55° Nördlicher Breite).
Auf den Inseln St. Paul und St. George sowie in Seen nahe Palmer und Anchorage (Lake Hood) wurde der Alaska-Schwarzfisch eingebürgert.

Lebensweise:
Der Alaska-Schwarzfisch hält sich meist in Sümpfen und Teichen der Tundra mit starker Vegetation auf, gelegentlich wird er auch in mittleren bis großen Flüssen und Seen mit reichlich Vegetation angetroffen.
Die Geschlechtsreife wird im Alter von 2-3 Jahren erreicht.
Die Wanderung auf flussauf- und uferwärts liegende Laichplätze im Frühjahr, erfolgt wenn die Wassertemperatur auf 6-8 °C steigt, und die Rückwanderung in tiefere Gewässerabschnitte findet im Herbst statt.
Die Laichzeit erstreckt sich von Mai bis August, wenn die Gewässer zumindest teilweise eisfrei sind. Die 100-300 Eier mit einem Durchmesser von etwa 2 mm kleben am Substrat fest. Die Erbrütungsdauer beträgt bei einer Wassertemperatur von 12 °C etwa 9 Tage und etwa weitere 10 Tage bis zur aktiven Nahrungsaufnahme. Die frisch geschlüpften Brütlinge sind etwa 5-7 mm lang. Die Jungfische werden gelegentlich von Hechten, Rutten und Weißlachsen gefressen und die älteren Fische auch von Otter und Mink.
Die Nahrung besteht hauptsächlich aus Insekten, sowie Krebs- und Weichtieren, seltener aus Fischen (*Dallia, Esox*).
Das Wachstum ist relativ schnell. Die Männchen wachsen etwas schneller als die Weibchen und werden auch älter.
Er erreicht im Durchschnitt mit 1 Jahr 5-9 cm, mit 2 Jahren 8-15 cm und mit 3 Jahren 9-17 cm.

Der Alaska-Schwarzfisch kann bis zu 33 cm lang, 360 g schwer und 8 Jahre alt werden.

Bedeutung:
Der Alaska-Schwarzfisch ist lokal von gewisser fischereilicher Bedeutung. In Alaska wird er von Mai bis Dezember mit Korbreusen gefangen und als Nahrung für Menschen und Hunde verwendet. Gerne wird er auch als Köderfisch verwendet und gelegentlich als Aquarienfisch gehalten.

Novumbra hubbsi Schultz, 1929. **Olympischer Hundsfisch**

Olympischer Hundsfisch. (Foto: C. Scharpf)

Beschreibung:

Rückenflosse mit 11-15 Strahlen, Afterflosse mit 10-13 Strahlen, 42-60 Schuppen entlang der Seitenlinie, 6-9 Branchiostegalstrahlen, 1-3 submandibulare Poren, 37-40 Wirbelknochen.

Der Körper sowie Kopfoberseite, Wangen und Kiemendeckeln sind mit relativ großen Schuppen bedeckt. Der Anfang der Rückenflosse befindet sich direkt über bzw. nur wenig vor dem Anfang der Afterflosse. Der Ansatz der Afterflosse ist etwa so lange wie der Ansatz der Rückenflosse. Die Männchen haben meist etwas mehr Strahlen in der Rücken- und Afterflosse als die Weibchen. Die Brustflossen mit 15-25 und die Bauchflossen mit 5-7 Strahlen sind abgerundet. Die Schwanzflosse mit 16-22 Strahlen ist oft eckig mit abgerundeten Enden.

Die Seiten sind grünbraun bis braunschwarz gefärbt und mit 9-19 weißen bis blaugrünen Querstreifen versehen. Die Ränder der Rücken- und Afterflosse sind meist hellblau bis hellgelb. Die Männchen sind zur Laichzeit intensiver gefärbt.

Verbreitung:
Der Olympische Hundsfisch kommt in Nordamerika nur in Niederungen des Küstenbereichs der Olympischen Halbinsel in Washington, USA vor (48-45° Nördlicher Breite). Das Verbreitungsgebiet erstreckt sich vom Ozette Lake und Quillayute, Hoh, Queets, Quinault, Copalis und Humptulips River über den Chehalis und Deschutes River bis zum Nisqually und Puyallup River.
Im Cherry und Issaquah Creek System wurde der Olympische Hundsfisch eingebürgert.
Wie ein Fossil (*Novumbra ohioensis* Cavender, 1969) belegt, dürfte der Olympische Hundsfisch früher ein weiteres Verbreitungsgebiet gehabt haben und auch im Columbia River Becken vorgekommen sein.

Lebensweise:
Der Olympische Hundsfisch kommt in ruhigen bis langsam fließenden Gewässern sowie Tümpeln und Sümpfen mit starker Vegetation über schlammigen Grund und Ablagerungen vor. Er besiedelt meist Gewässer (bis in eine Seehöhe von 140 m), die auch von Koppen und Stichlingen (*Cottus, Gasterosteus*) besiedelt werden und bevorzugt saure, strömungsarme und pflanzenreiche Kleingewässer.
Die Laichzeit erstreckt sich von März bis Juni bei Wassertemperaturen von 8-18 °C. Zur Laichzeit besetzen die Männchen Territorien von etwa einem halben Quadratmeter um Wasserpflanzen, die gegen andere Fische verteidigt werden. Während einiger Stunden werden die klebrigen Eier vom Weibchen portionsweise in der Nähe des Bodens abgelegt und vom Männchen besamt. Brutpflege wird keine betrieben. Die Larven schlüpfen bei einer Wassertemperatur von 15-17 °C nach etwa 9 Tagen und kleben sich mit Hilfe der Klebedrüsen am Substrat fest. Nach etwa einer weiteren Woche beginnt die aktive Nahrungsaufnahme.
Die Nahrung besteht hauptsächlich aus Insekten, Würmern, Weich- und Krebstieren.
Das Wachstum ist langsam. Die Männchen wachsen jedoch etwas schneller als die Weibchen.
Der Olympische Hundsfisch kann bis zu 9 cm lang und 5 Jahre alt werden, meist wird er jedoch nur 4-6 cm lang.

Bedeutung:
Der Olympische Hundsfisch hat fischereilich keine Bedeutung.
Gefährdet ist er durch Veränderung der Fließgeschwindigkeit und Trockenlegungen für Landwirtschaft und Baumaßnahmen, sowie durch den Besatz fremder Fischarten und den Gebrauch von Chemikalien.

Umbra krameri Walbaum, 1792. **Europäischer Hundsfisch**

Europäischer Hundsfisch. (Foto: K. Pauler)

Beschreibung:

Rückenflosse mit 12-19 Strahlen, Afterflosse mit 6-9 Strahlen, 30-38 Schuppen entlang der Seitenlinie, 5-7 Branchiostegalstrahlen, 6-9 kurze Kiemenreusendornen, 1-3 submandibulare Poren, 32-36 Wirbelknochen. Der Körper sowie Kopfoberseite, Wangen und Kiemendeckeln sind mit relativ großen abgerundeten, leicht rechteckigen, Schuppen bedeckt. Der Ansatz der Rückenflosse befindet sich unter dem Ansatz der Bauchflossen mit 5-7 Strahlen und endet über der Afterflosse. Die Flossenstrahlen der Rückenflosse sind fast gleich lang, sodass die Flosse fast rechteckig erscheint. Die Brustflossen mit 10-15 und die Schwanzflosse mit 10-18 Strahlen sind gerundet.

Die Seiten sind graubraun bis rotbraun, am Rücken dunkler und am Bauch heller gefärbt und mit unregelmäßigen kleinen dunklen Flecken, auch am Kopf, versehen. An den Seiten befindet sich ein schmaler heller gelbbrauner Streifen. Die Flossen sind anfangs farblos bis graubraun und ab dem dritten Lebensjahr befindet sich in der Schwanz- und Rückenflosse eine Reihe von dunklen Flecken.

Die Jungfische haben am Schwanzstiel meist einen dunklen vertikalen Fleck, der mit dem Alter verschwindet.

Verbreitung:
Der Europäische Hundsfisch kommt in Europa nur im Mittel- und Unterlauf der Donau mit Sio, Drau, Theiß und Prut sowie im Dnjestr Flusssystem vor (49-43° Nördlicher Breite). Das Verbreitungsgebiet reicht im Donausystem von Wien flussabwärts bis ins Delta, sowie im und um den Neusiedler- und Plattensee.

Lebensweise:
Der Europäische Hundsfisch bevorzugt als Standfisch gut strukturierte, flache bis 1 m tiefe (Durchschnittstiefe 0,3 m), pflanzenreiche, stehende und langsam fließende Gewässer (Fließgeschwindigkeit unter 0,1 m/s), wie Gräben, Tümpel, Sümpfe und Moore, mit stark schlammigem Grund. Er besiedelt meist Gewässer, die auch von Schlammpeitzger, Karauschen und Grundeln (*Misgurnus, Carassius, Proterorhinus*) besiedelt werden. Im Herbst, sind üblicherweise die höchsten Bestandsdichten zu verzeichnen. Die durchschnittliche Individuendichte kann zu dieser Zeit bis über 15.000 Stück bzw. 27 kg pro Hektar erreichen.
Die Geschlechtsreife wird meist bei einem Alter von 1-2 Jahren erreicht.
Die Laichzeit erstreckt sich von Februar bis Mai bei Wassertemperaturen von 8-19 °C. Die rund 100-2.700 leicht klebrigen 1,5-2,0 mm großen Eier werden vom Weibchen in den Morgen- oder Abendstunden binnen 30-90 Minuten in dichte Polster aus feinfiedrigen Wasserpflanzen (z.B.: *Myriophyllum*), meist zwischen Steinen oder Wurzeln, abgelegt und von mehreren (3-5) Männchen besamt. Das Weibchen betreibt für 1-2 Wochen Brutpflege, es bewacht die Eier und fächelt ihnen mit den Brustflossen Frischwasser zu. Die den Hechtfischen ähnlichen 5-7 mm langen Larven schlüpfen nach 110-130 Tagesgraden, kleben sich mit Hilfe der Klebedrüsen an Wasserpflanzen fest und beginnen mit 8-10 mm mit der aktiven Nahrungsaufnahme.
Die Nahrung besteht hauptsächlich aus Zooplankton (*Bosmina, Cyclops, Daphnia, Moina*) und anderen Krebstieren (*Asellus, Gammarus*), sowie Insekten (*Ablabesmyia, Chaoborus, Cloëon, Culicoides, Ephemerella, Tendipes, Velia*), seltener aus Würmern (*Nais, Tubifex*) und Mollusken (*Viviparus*), Spinnen und kleinen Fischen (*Leucaspius, Rhodeus*). Gelegentlich werden auch Wasserpflanzen (*Lemna*) mit aufgenommen.
Das Wachstum ist langsam. Die Weibchen wachsen jedoch etwas schneller als die Männchen und werden auch etwas größer.

Er erreicht im Durchschnitt mit 1 Jahr 4-6 cm, mit 2 Jahren 6-8 cm, mit 3 Jahren 7-9 cm und mit 4 Jahren 8-10 cm.
Der Europäische Hundsfisch kann bis zu 17 cm lang und 9 Jahre alt werden.

Bedeutung:
Der Europäische Hundsfisch hat fischereilich keine Bedeutung. Er wird jedoch gelegentlich in Aquarien oder Gartenteichen gehalten.
Früher wurde er oft aus Gräben in Weidenkörbe getrieben und als Futter für Enten und Schweine oder auch als Dünger verwendet.
Heute ist der Europäische Hundsfisch vor allem durch die Vernichtung seines Lebensraumes durch Trockenlegungen und Wasserbaumaßnahmen, aber auch durch die Wasserverschmutzung und den Besatz fremder Fischarten gefährdet. Er ist auch im Anhang II. der Berner Konvention aufgeführt und gehört so zur streng geschützten Fauna.

Europäischer Hundsfisch. (Foto: K. Pauler)

Umbra limi Kirtland, 1840. **Zentraler Hundsfisch**

Zentraler Hundsfisch. (Foto: P. Marshall)

Beschreibung:
Rückenflosse mit 12-15 Strahlen, Afterflosse mit 7-10 Strahlen, 31-37 Schuppen entlang der Seitenlinie, 4-5 Branchiostegalstrahlen, 13-15 kurze Kiemenreusendornen, 34-38 Wirbelknochen.
Der runde Körper ist nur leicht zusammengedrückt und erreicht eine Höhe von 14-21 %, und der Kopf eine Länge von 20-26 % der Gesamtlänge. Die Körperhöhe nimmt vom Süden und Osten zum Norden und Westen des Verbreitungsgebietes etwas zu. Die Schnauze ist kurz und erreicht wie auch der Durchmesser der Augen 18-29 % der Kopflänge.
Der Körper sowie Kopfoberseite, Wangen und Kiemendeckeln sind mit relativ großen Schuppen bedeckt. Die Basis der runden Bauchflossen mit 6-7 Strahlen befinden sich 3-5 Schuppenreihen vor dem Anfang der Rückenflosse. Der Ansatz der Afterflosse ist etwa halb so lange wie der Ansatz der Rückenflosse. Die Männchen haben eine etwas höhere Afterflosse als die Weibchen. Die Brustflossen mit 14-16 Strahlen und die Schwanzflosse sind leicht abgerundet.

Die Oberseite ist grünbraun bis braunschwarz gefärbt, mit unregelmäßigen kleinen dunkelbraunen Flecken und bis zu 14 hellen Querstreifen an den Seiten. Die Unterseite ist gelb bis weiß und die Flossen sind graubraun gefärbt. Am Schwanzstiel befindet sich ein schmaler vertikaler dunkler Fleck, der bei Jungfischen noch fehlt. Zur Laichzeit bekommen die Männchen eine türkiesfarbene Afterflosse.

Verbreitung:
Der Zentrale Hundsfisch kommt in Nordamerika westlich der Appalachen, vom St. Lorenzstrom mit Großen Seen, der Hudson Bay (Red River) und des Mississippi River Beckens von Quebec bis Manitoba in Kanada, und südlich bis Ohio, Illinois, Tennessee und Arkansas, sowie im Hudson River System (Atlantik Slope) in New York, USA vor (52-36° Nördlicher Breite). Isolierte Populationen findet man noch im Missouri River System von South Dakota, Nebraska und Iowa, USA.

Lebensweise:
Der Zentrale Hundsfisch kommt in ruhigen Bereichen von Bächen, Sümpfen und anderen Feuchtgebieten über schlammigen Grund und sonstigen Ablagerungen, meist in starker Vegetation vor.
Die Geschlechtsreife wird mit einem Alter von 1-2 Jahren erreicht.
Die Laichzeit erstreckt sich von März bis April bei Wassertemperaturen von 13-15 °C. Zum Laichen wandern die Fische etwas flussauf- oder uferwärts. Die rund 100-2.000 Eier mit einem Durchmesser von etwa 1,5-1,7 mm haften am Substrat und werden teilweise vom Weibchen bewacht. Die rund 4-6 mm langen Larven schlüpfen nach etwa 5-7 Tagen. Mit einer Größe von etwa 3 cm wandern die Jungfische in den Hauptstrom. Sie werden gelegentlich von Hechten, Barschen und Welsen gefressen.
Die Nahrung besteht hauptsächlich aus Insekten, sowie Krebs- und Weichtieren, seltener aus Fischen (*Rhinichthys*).
Das Wachstum ist langsam. Die Weibchen wachsen jedoch etwas schneller als die Männchen und werden auch älter. Er erreicht im Durchschnitt mit 1 Jahr 4-6 cm, mit 2 Jahren 6-7 cm, mit 3 Jahren 7-8 cm und mit 4 Jahren 8-9 cm.
Der Zentrale Hundsfisch kann bis zu 14 cm lang und 7 Jahre alt werden.

Bedeutung:
Der Zentrale Hundsfisch hat fischereilich keine Bedeutung. Er wird aber gelegentlich als Köderfisch verwendet und als Aquarienfisch gehalten.

Umbra pygmaea DeKay, 1842. **Östlicher Hundsfisch**

Östlicher Hundsfisch. (Foto: J. Jensen)

Beschreibung:
Rückenflosse mit 12-16 Strahlen, Afterflosse mit 7-11 Strahlen, 31-40 Schuppen entlang der Seitenlinie, 3-6 Branchiostegalstrahlen, 33-38 Wirbelknochen.
Der dicke Körper ist nur leicht zusammengedrückt. Der kurze Kopf ist stumpf und konisch. Der Körper sowie Kopfoberseite, Wangen und Kiemendeckeln sind mit relativ großen Schuppen bedeckt. Die Basis der Bauchflossen befinden sich 3-5 Schuppenreihen vor dem Anfang der Rückenflosse. Der erste Flossenstrahl der zurückgelegten Rückenflosse reicht in Höhe bis über den Ansatz der Afterflosse. Der Ansatz der Afterflosse ist etwa halb so lange wie der Ansatz der Rückenflosse. Die Schwanzflosse mit 18-20 Strahlen ist gerundet.
Die Seiten sind grüngrau bis rotbraun gefärbt und mit unregelmäßigen kleinen hellen Flecken in länglichen Reihen versehen. An den Seiten befindet sich ein schmaler heller Streifen, und am Schwanzstiel ein dunkler Querstreifen der mit dem Alter der Fische verschwindet. Die Flossen sind anfangs farblos und ab dem ersten Lebensjahr sind die Schwanz-, Rücken- und Afterflosse schwarzbraun angehaucht.

Verbreitung:
Der Östliche Hundsfisch kommt in Nordamerika östlich der Appalachen, vom Südosten New York (mit Long Island) bis zum St. Johns River und westlich bis zum Aucilla River System in Florida und Georgia, USA vor (42-30° Nördlicher Breite).
Seit 1892 wurde er auch als Futter- und Aquarienfisch nach Mitteleuropa importiert und stellenweise ausgewildert (Polen, Deutschland, Dänemark, Belgien, Niederlande, Frankreich). Die stärkste Verbreitung hat er dabei in den Niederlanden und Belgien (Limburg). In Deutschland, wo selbstreproduzierende Bestände (in Hamburg, Schleswig-Holstein, Niedersachsen und Hessen) vorkommen, besiedelt der Östliche Hundsfisch meist Gewässer, die auch von Stichlingen (*Gasterosteus, Pungitius*) besiedelt werden. Dort kann die Bestandsdichte bis zu 5.000 Stück bzw. 26 kg pro Hektar erreichen.

Lebensweise:
Der Östliche Hundsfisch bevorzugt stehende bis langsam fließende Bereiche von Bächen, Tümpeln, Sümpfen und anderen Feuchtgebieten mit sandigen bis schlammigen Grund, meist mit starker Vegetation.
Die Geschlechtsreife wird in einem Alter von 1-2 Jahren erreicht. Die Laichzeit erstreckt sich von März bis Mai bei Wassertemperaturen von 10-15 °C. Das Weibchen besetzt dabei ein Territorium, aus dem andere Fische vertrieben werden. Bei der Eiablage werden vom Weibchen alle 6-13 Minuten etwa 10-20 Eier über Wurzeln oder Wasserpflanzen abgelegt und sofort vom Männchen besamt. Die rund 200-1.200 klebrigen Eier mit einem Durchmesser von 1,4-1,6 mm werden vom Weibchen bewacht und gepflegt. Die Larven schlüpfen bei 16 °C nach 5-8 Tagen und heften sich mit den Klebedrüsen am Substrat fest. Die Brutpflege endet etwa 5-6 Tage nach dem Schlupf und mit einer Größe von 7-9 mm beginnt die aktive Nahrungsaufnahme.
Die Nahrung besteht hauptsächlich aus Insekten (*Ablabesmya, Bezzia, Chironomus, Orthocladius, Psectrocladius, Pseudocladius, Stictochironomus, Tanytrarus*) und Planktonkrebsen, weniger aus Würmern und Weichtieren sowie gelegentlich aus Amphibien- und Fischlarven (*Umbra*). Oft werden auch große Mengen an Detritus seltener auch Wasserpflanzen (*Lemna*) mit aufgenommen.
Das Wachstum ist langsam. Die Weibchen wachsen jedoch etwas schneller als die Männchen und werden auch größer. Er erreicht im Durchschnitt mit 1 Jahr 3-6 cm und mit 2 Jahren 6-11 cm.
Der Östliche Hundsfisch kann bis zu 15 cm lang und 8 Jahre alt werden.

Bedeutung:
Der Östliche Hundsfisch hat fischereilich keine Bedeutung. Anfang des 20. Jahrhunderts wurde er jedoch gerne als Aquarienfisch gehalten und vermehrt. Die in Europa ausgewilderten Bestände fügen sich unauffällig in bestehende Ökosysteme ein, eine negative Auswirkung wurde nicht beobachtet. In manchen so besiedelten Gewässern bildet der Östliche Hundsfisch jetzt die Existenzgrundlage für den Eisvogel. In Holland wird er auch als Testfisch für gentoxische Effekte verwendet.

Östlicher Hundsfisch. (Foto: J. Jensen)

AQUAKULTUR

LAICHFISCHFANG:

Die Laichfische werden am besten kurz vor oder zur Laichzeit (während der Blütezeit von Weiden und Huflattich) an den Laichplätzen in natürlichen Gewässern mit verschiedenen Reusen, Netzen oder durch die Elektrofischerei gefangen.
Fische mit optimalen Reifegrad erreicht man meist, wenn man die Fische mit Reusen fängt, die direkt vor dem Schilfgürtel (an der Schar) aufgestellt werden, sodass das an die Wasseroberfläche reichende Leitnetz bei Netzreusen oder das Reusenfach aus Fichten- oder Tannenzweigen bei Drahtreusen bis ans Ufer reicht (siehe Abb.). Knotenloses Nylon Netzmaterial verringert bei Reusen die Verletzung der Fische. Die Laichfische werden nach dem Fang nach Reifegrad und Geschlecht sortiert, reife Fische werden meist gleich vor Ort abgestreift oder möglichst schonend sofort in eine Hälterung transportiert.
Zugnetze (mit oder ohne Sack) aus geknotetem oder knotenlosem multifilem Polyamid werden auch gelegentlich für den Fang von Laichfischen, vor allem in Teichen, verwendet.
Kiemennetze aus monofilem oder multimonofilem Polyamid mit einer Maschenweite von 60-90 mm eignen sich ebenfalls für den Fang. Die vorzugsweise 2-3 m hohen und 30-100 m langen Kiemennetze werden an einer Boje fixiert und oft 2-4 Netze zu einem Satz aneinandergehängt. Die Netze werden – meist über Nacht – auf der Halde vom Ufer in Richtung Gewässermitte ausgelegt. Die Netzkontrolle erfolgt täglich, um ein Ersticken der Fische in den Netzmaschen zu verhindern. Die empfindlichen, oft verletzten Fische können nach dem Fang meist nicht sehr lange gehältert werden und sollten daher wenn möglich gleich abgestreift und anschließend der Verwertung als Speisefisch zugeführt werden. Es ist darauf zu achten, dass mit Beginn der Laichfischerei auch ein Großteil (etwa 50 %) der Rogner laichreif ist. Am Beginn der Laichzeit, die sich meist über einige Wochen zieht, werden überwiegend Milchner, zum Ende hin überwiegend Rogner gefangen.
Elektrofischereigeräte mit einer Leistung von 1-10 kW und einer Spannung von 150-450 Volt, mit gut geglättetem Gleichstrom (Restwelligkeit unter 5 %) bei einer Leitfähigkeit von 100-1000 µS/cm, oder eventuell Impulsstrom (50-70 Impulse/Sekunde, 1 ms) bei zu hoher oder zu niedriger Leitfähigkeit werden vor allem in kleineren Gewässern, vom Ufer oder Boot aus, eingesetzt. Bei der Elektrofischerei schwimmen die Fische durch eine Zwangsreaktion in einem Stromfeld mehr oder weniger zielgerichtet auf die ins Wasser eingetauchte Fangelektrode zu, werden in deren Nähe betäubt und sofort abgekeschert.

Laichfischfang mit kleiner Drahtreuse. (Foto: J. Hofer)

Laichfischfang mit großer Netzreuse (Trappnetz). (Foto: N. Schotzko)

LAICHFISCHHALTUNG:

In Fällen, in denen man wegen Qualität und Quantität nicht von Wildfischfängen abhängig sein möchte und/oder Zuchtauslese (Selektion) betrieben werden soll, wird ein Laichfischbestand in künstlichen Gewässern gehalten. Dabei werden Teiche verschiedener Form und Größe benutzt. Voraussetzung zur Gametenreifung sind optimale Haltungsbedingungen. Hierbei sind gute Umweltbedingungen und eine gute Futterversorgung von entscheidender Bedeutung.

Für die Hälterung der Laichfische eignen sich kleinere Teiche besonders gut, weniger gut geeignet sind größere Becken, außer die Fische werden hypophysiert. Da wildgefangene und vor allem hypophysierte Hechte gerne aus den Becken springen, sollten diese gut abgedeckt werden. Gefüttert werden die Laichfische zur Laichzeit gewöhnlich nicht. Das Zuflusswasser sollte eine gute Qualität aufweisen und die Wassertemperatur sollte gleich oder, wenn möglich, um 3-5 °C höher als im Fanggebiet sein.

Als Laichhechte eignen sich am besten Männchen (Milchner) von 0,5-1,5 kg und Weibchen (Rogner) von 2,0-5,0 kg Körpergewicht. Das Geschlechterverhältnis (Rogner zu Milchner) sollte 1:1 bis 1:3 betragen.

Bis zur Laichzeit können die Laichfische in kleinen Teichen mit einer Fläche von 100-1000 m^2 gehältert werden. Die Besatzdichte kann etwa 500 kg Hechte und 300 kg Futterfische je Hektar betragen. Die Teiche sollten etwa alle 4-7 Tage abgelassen und die Weibchen überprüft werden, oder es wird der Wasserstand erhöht und die an den überfluteten Flächen erscheinenden Fische werden abgefangen. So werden meist 80-100 % der Fische reif.

Die Laichfische (1 Weibchen und 2-3 Männchen) können aber auch in kleine unter 1.000 m^2 große, seichte, stark bepflanzte Teiche mit Futterfischen gesetzt werden und laichen dort ab. Die Laichfische sollten schon im Teich sein, solange dieser noch Eis trägt. Nach dem Ablaichen werden die Laichhechte herausgefangen und die Jungfische wachsen darin auf. Sind nicht genügend Futterfische vorhanden, so versuchen die Laichfische auch oft, über den Ablauf abzuwandern. Dies kann man ausnützen, indem man dort das Gitter entfernt, um die Fische hinter dem Ablauf wieder zu fangen.

Im Falle des natürlichen Ablaichens im Teich beträgt die durchschnittliche Überlebensrate vom Ei bis zum vorgestreckten Fisch zwischen 1 und 7 %. Wenn die Teiche mit Brut besetzt werden, liegt die Überlebensrate üblicherweise zwischen 5 und 20 %.

Vermehrung

HANDHABUNG:

Laichfische sind einer besonderen Belastung ausgesetzt. Dies zeigt sich unter anderem in einem verringertem Wachstum und höherer Mortalität. Alle notwendigen Manipulationen sollten daher so schonend als möglich vor sich gehen.

Im Frühjahr, von Februar bis April, während dem allmählichen Ansteigen der Wassertemperatur auf 5-8 °C, können die Fische nach Reifegrad und Geschlecht sortiert werden. Die Laichzeit, die wesentlich von Population und Klima abhängig ist, erstreckt sich meist über 1-4 Wochen. Der Zeitpunkt der optimalen Reife (Vollreife) dauert jedoch nur wenige Tage. Um ein Überreifen der Eier zu vermeiden, müssen die Laichfische daher öfters kontrolliert werden. Bei reifen Weibchen fließen die Eier oft schon beim senkrechten Hochhalten aus der Geschlechtsöffnung.

Zur Laichzeit sind die Milchner (♂) schlanker. Die Rogner (♀) haben durch die nahezu reifen Eier einen weichen, vollen Bauch und einen größeren Leibesumfang.

Die Geschlechtsöffnung der Weibchen hat die Form einer Birne und die der Männchen die Form eines Schlüssellochs. Bei den Weibchen ist die schlitzförmige Grube leicht gekrümmt und doppelt so weit wie die Afteröffnung, bei den Männchen ist die Grube gerader und schmäler als die Afteröffnung. Die Weibchen haben einen Wulst zwischen After und Geschlechtsöffnung, den die Männchen nicht haben. Diese Merkmale sind in über 90 % der Fälle zutreffend.

Die Laichfische, vor allem verletzte Tiere, verpilzen zur Laichzeit gern, sie sollten daher wenn möglich nicht länger als 2 Wochen gehältert werden. Eine Behandlung der Fische mit Malachitgrün ist in der Europäischen Union inzwischen verboten.

Die Überlebensrate der gefangenen Laichfische hängt stark von der Behandlung ab. Bei den Weibchen beträgt die Überlebensrate nach 2-3 Monaten etwa 80-85 % beim Ablaichen in Teichen, 35-45 % beim künstlichen Abstreifen und 20-25 % bei hypophysierten Fischen. Bei den Männchen beträgt die Überlebensrate etwa 50-60 % beim Ablaichen und 45-55 % beim Abstreifen.

Zur Vermeidung von unerwünschten Inzuchteffekten, welche sich oft durch erhöhte Missbildungen sowie verringertem Wachstum und Überlebensraten äußern, sollte der Laichtierbestand mindestens 100 Tiere umfassen und für die Nachzucht die Geschlechtsprodukte von mindestens jeweils 20 Elterntieren zufällig verpaart werden.

Für die Erzeugung ausschließlich weiblicher Fische, die später geschlechtsreif werden und schneller wachsen als männliche, wendet man für die indirekte Feminisierung die diploide Gynogenese an. Für die Selektion entspricht eine Generation der diploiden Gynogenese etwa 10-15 Generationen Geschwisterpaarung. Die Basis für weibliche monosex Bestände sind phänotypische Männchen mit weiblichem Genotyp, deren Sperma zur Befruchtung normaler Weibchen verwendet wird.

Um das männliche Genom zu eliminieren, wird das Sperma von Hechten (aber auch von Barschen ist möglich) mit UV-Licht (in einer Dosis von 6,4 W/m^2) für 6 Minuten bestrahlt. Die Spermien bleiben jedoch bewegungsfähig und die Befruchtung kann erfolgen.

Jede Zelle enthält zwei Chromosomensätze, einen von jedem Elternteil. Bevor sich eine Zelle teilt (Mitose) verdoppelt sich der Chromosomensatz. Geschlechtszellen hingegen halbieren ihren Chromosomensatz bevor sie reif werden (Meiose). Spermatocyten teilen sich, wenn sie reif sind nochmals, bei den Oocyten geschieht dies erst nach der Befruchtung.

Bei der Befruchtung dringt nun ein Spermatozoa mit einem Chromosomensatz durch die Mikrophyle ein und verschmilzt mit einem der zwei Chromosomensätze der Eizelle. Durch eine physikalische Schockbehandlung der Eier wird dann eine polare Körperretention und so der Erhalt der Diploidie des weiblichen Erbguts veranlasst und es entstehen nun großteils nur weibliche Nachkommen mit weiblichem Erbgut, die eine große Erbgleichheit (Homozygotie) mit der Mutter haben. Diese Schockbehandlung wird mit einem Druckschock von ca. 600 atm, für 3 min., 90 min. nach der Befruchtung durchgeführt. Mit einem Temperaturschock erreicht man in etwa dasselbe Ergebnis. Die Befruchtung selbst sowie die anschließende Erbrütung und Aufzucht erfolgt bei ganz normalen Wassertemperaturen (ca. 12-14 °C).

Durch die Fütterung von α-17-Methyltestesteron, möglichst früh verfüttert, werden nun diese genotypischen Weibchen in phänotypische Männchen verwandelt. Da nun den geschlechtsumgekehrten Weibchen das Y-Chromosom fehlt, können mit diesen bei der Verpaarung mit normalen Weibchen nun ausschließlich weibliche Fische erzeugt werden.

Eine Hormonbehandlung ist nur für Zuchtfische zulässig, die nicht für den menschlichen Verzehr bestimmt sind, in einigen Ländern ist sie auch verboten. Aus den mit Sperma "äußerlicher" Männchen befruchteten Eiern entwickeln sich ausschließlich normale weibliche Fische, die selbst nie einer Hormonbehandlung ausgesetzt wurden.

HYPOPHYSIERUNG:

Unter ungünstigen Umweltbedingungen, die gelegentlich auftreten können (z.B.: Absinken der Wassertemperatur bei genereller Reife der Laichfische, bzw. zu früher Fang der Laichfische und zu kaltes Haltungswasser) kann mit eine Hypophysierung die Endreifung beschleunigt bzw. überhaupt erst erreicht werden. Durch die Hypophysierung kommt es zum Ansteigen des Gonadotropingehalts im Blut und in der Folge zu einer irreversiblen Reifung und einer Loslösung der Eier im Eierstock (Ovulation), die normalerweise erst kurz vor dem Laichvorgang einsetzt.

Die Hypophysierung sollte möglichst gleich nach dem Fang (innerhalb 1-2 Tagen) erfolgen, denn sonst ist die Ovulationsrate geringer. Die Hälterung der hypophysierten Fische sollte, wenn möglich, bei etwas höherer Wassertemperatur als im Herkunftsgewässer erfolgen.

Zur Hypophysierung eignen sich Hypophysen (Hirnanhangdrüsen) von Karpfen, Brachsen, Hechten oder anderen Fischen (á 3-4 mg) oder auch künstliche Hormonanaloge (GnRHa 0,1 mg/kg).

Frische, kurz vor der Laichzeit gewonnene Hypophysen werden zweimal (12 h) in Aceton (1:10) eingelegt, entfettet, entwässert und anschließend auf Filterpapier bei 20 °C getrocknet. Sie sind so, lichtgeschützt und trocken aufbewahrt, auch über Jahre haltbar. Die getrockneten Hypophysen werden in einer Reibschale (Mörser) fein zermahlen, mit 1-2 ml physiologischer Salzlösung (0,7-0,9 %) aufgeschwemmt und in eine Injektionsspritze aufgezogen. Die Injektion erfolgt intramuskulär im Rücken auf etwa 1/3 der Körperlänge hinter dem Kopf. Die Kanüle wird im 45° Winkel in den Muskel gestochen, um mehr Muskelmasse zur Verfügung zu haben. Beim Zurückziehen der Nadel wird ein Finger auf die Einstichstelle gedrückt, und nach Entfernen der Nadel leicht massiert. Die Hypophysenmenge wird immer frisch zubereitet, da die Hormone bei Raumtemperatur nur ca. 1 h wirksam bleiben.

Für die Männchen werden, falls nötig, 1 Stück und nach 24 h nochmals 1 Stück Hypophysen je kg Körpergewicht verwendet. Für die Weibchen werden 2 Stück und nach 24 h nochmals 2 Stück Hypophysen je kg Körpergewicht verwendet.

Etwa 90 % der hypophysierten Fische ovulieren nach 3-5 Tagen und können dann abgestreift werden. Die Konzentration der Spermien ist dabei aber etwas geringer, die Beweglichkeit aber gleich wie bei natürlicher Reifung. Die Befruchtungsrate der Eier liegt dabei meist bei 60-80 %. Bei der Verwendung von Carbopol Resin anstatt der Salzlösung, lassen sich die Befruchtungsraten um etwa 15 % steigern.

EIGEWINNUNG:

Bei den Weibchen findet die Praevitellogenese das ganze Jahr über statt. Zur Laichzeit enthalten die Gonaden daher einen kleinen Anteil (ca. 4 %) an kleinen Oocyten (unter 0,4 mm) für die nächste Laichzeit im darauffolgenden Jahr. Die Vitellogenese beginnt meist im Mai-Juni und dauert bis zum Herbst. Die Einlagerung von Dotter geht auch bei niedrigen Temperaturen bis kurz vor die Laichzeit weiter, wo dann die Oocyten ihre volle Größe von 1,5-3,5 mm erreichen. Größere Weibchen haben dabei etwas größere und auch mehr Eier je Kilogramm Körpergewicht als kleinere. Vor der Ovulation wandert der Zellkern von der Eimitte zum animalen Pol, eine flache ca. 30 µm weite Mulde, in deren Mitte sich ein etwa 3 µm breiter und 25 µm langer Kanal, die Mikropyle befindet. Das Gewicht der Gonaden beträgt bei den Weibchen 10-20 % des Körpergewichtes. Bei ungünstigen Umweltbedingungen können die Ovulation verzögert oder die bereits ovulierten Eier resorbiert werden.

Bei den Männchen beginnt die Spermatogenese meist im August-September mit abnehmender Photoperiode und bei einer Temperatur von 10-20 °C und dauert über den Herbst. Ab November-Dezember sind die Lappen der Hoden mit Spermatozoen gefüllt und sie verbleiben im Lumen bis zur Spermination, bei der das Sperma verflüssigt wird.

Männchen mit reifem Sperma (Spermination) können manchmal von November-Juni beobachtet werden. Die Konzentration der Spermien vor der Laichzeit beträgt $2{,}4\text{-}4{,}1 \times 10^{10}$ je Gramm Hoden und die Gesamtproduktion $4{,}4\text{-}7{,}9 \times 10^{11}$ je Kilogramm Körpergewicht. Das Kopfstück der Spermien ist rund 1,5 µm und das Schwanzstück 20-25 µm lang. Während der Hauptaktivität der Spermatogenese wachsen die Männchen kaum. Das Gewicht der Gonaden beträgt bei den Männchen 1-4 % des Körpergewichts. Nach der Laichzeit werden die verbleibenden Spermien absorbiert, bevor ein neuer Zyklus startet.

Eine schnelle und einfache Methode der Eigewinnung, die jedoch selten angewendet wird, besteht darin, die Fische zu töten und die Kiemen zu durchtrennen. Eine Person hält dann den Fisch am Kiemendeckel senkrecht fest und eine weitere Person den Schwanzstiel seitlich nach unten und schneidet die Leibeshöhle von oberhalb der Bauchflossen bis zur Geschlechtsöffnung mit einem speziellen kleinen Laichmesser vorsichtig auf, ohne die inneren Organe zu verletzen. Die frei in der Leibeshöhle liegenden, herausrutschenden Eier werden in einer Plastikschüssel aufgefangen bzw. anschließend mit der Hand herausgestrichen.

Blut und Harn oder sonstige Verunreinigungen beeinträchtigen die Befruchtung, und sollten nicht mit den Eiern in Berührung kommen.
Sollen die Fische weiter als Laichtiere genützt werden, werden die Fische abgestreift. Um den Fisch abstreifen zu können, muss er sich entspannen. Es ist daher von Vorteil, vor allem bei Fischen von mittlerer Größe, wenn man die Fische vorher betäubt, um sie ruhig zu stellen. Dazu eignet sich 0,5 g Chlorbutanol oder 0,05 ml Nelkenöl je Liter Wasser. Beim Herausnehmen des Fisches aus dem Narkosebad (gewöhnlich nach etwa 2-3 Minuten), wird der Fisch kurz in sauberem Wasser abgeschwemmt. Für eine kurzzeitige Narkose kann alternativ auch mit 24-36 Volt Gleichstrom (ca. 0,4 V/cm) bei einer Wassertemperatur von 10-20 °C für 5-10 Sekunden betäubt werden, wobei sich die Fische nach der Elektronarkose rasch wieder erholen.
Die Laichfische werden vor der Entnahme der Geschlechtsprodukte sorgfältig mit einem weichen Tuch abgetrocknet, denn vor der Befruchtung dürfen Eier und Sperma auf keinen Fall mit Wasser in Berührung kommen. Die Eier werden am besten vor dem Sperma gewonnen und einige Minuten stehen gelassen.
Kleinere Hechte werden wie andere Fische auch abgestreift. Dazu wird der Fisch mit einem Tuch mit einer Hand am Schwanzstiel nach unten gehalten, mit der anderen Hand werden durch mäßigen Druck auf den Bauch vor der Geschlechtsöffnung die Eier durch die Geschlechtsöffnung in eine Schüssel abgestreift. Während des Abstreifvorganges drückt man den Fisch gegen sich selbst und biegt den Schwanzstiel des Fisches leicht zurück. Da die Eier sehr stoßempfindlich sind, sollte die Geschlechtsöffnung an den Rand der Schüssel gehalten werden, so dass die Eier der Wand entlang in diese hineingleiten können.
Größere Hechte (über 5 kg Gewicht) streift man am besten, indem man den Kopf des Fisches zwischen die Oberschenkel einklemmt, eine weitere Person hält dann den Schwanzstiel mit einem Tuch fest und biegt ihn dabei leicht nach oben. So kann man die Eier relativ einfach mit beiden Händen in eine direkt darunter stehende Plastikschüssel, abstreifen (siehe Abb.). Gelegentlich wird auch eine aufblasbare Blutdruckmessmanschette für das Herausdrücken der Eier verwendet.
Die Anzahl der Eier der einzelnen Individuen, Gewässer und Jahre kann sehr unterschiedlich sein und beträgt zwischen 2.000-77.000 St./kg Körpergewicht, durchschnittlich aber 17.000-43.000 St./kg. Verringert sich der Bestand, so steigt die Fruchtbarkeit bzw. umgekehrt.
Nach dem Streifen kommen die Laichfische wieder in ein Becken mit guten Wasserverhältnissen und erholen sich dort rasch, meist innerhalb von wenigen Minuten.

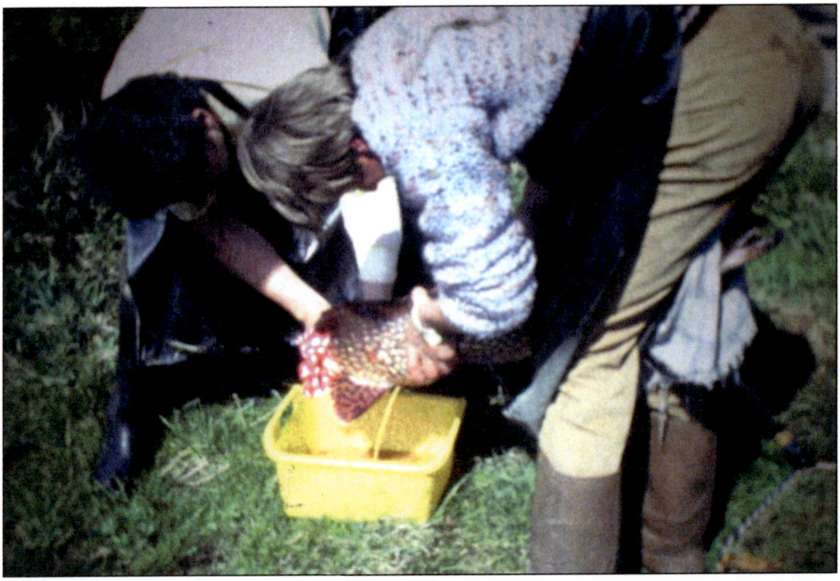

Abstreifen eines größeren Rogners. (Foto: M. Hochleithner)

Für die Spermaentnahme wird am besten eine Pipette oder ein Katheter (ohne Druck) verwendet. Generell werden die Männchen etwas früher geschlechts- und laichreif als die Weibchen. Die Männchen können daher vor allem zu Beginn der Laichzeit öfter (bis über viermal) zur Spermaentnahme verwendet werden und liefern im Abstand von einer Woche jeweils durchschnittlich 1,3-1,4 ml Sperma je Kilogramm Körpergewicht mit einer Konzentration von durchschnittlich 20,0 x 10^9 Spermien je Milliliter. Die Konzentration der Spermien steigt mit dem Körpergewicht der Männchen von rund 8,3 x 10^9/ml bei 400-500 g, auf 16,0 x 10^9/ml bei 800-1000 g, bis zu 23,5 x 10^9/ml bei 2200-2800 g Fischen.

Oft können nur 2-10 % der vorhandenen Spermatozoen abgestreift werden, daher können die Männchen, vor allem zum Ende der Laichzeit, auch getötet, aufgeschnitten und die Hoden durch ein Tuch gepresst werden, um so genügend Sperma für die Befruchtung zu erhalten.

BEFRUCHTUNG:

Eier guter Qualität haben überwiegend zahlreiche gleichmäßig verteilte Fetttröpfchen und eine gelborange Farbe.
Sperma guter Qualität hat meist eine weiße, rahmartige und keine wässerige Konsistenz. Zur Qualitätsbeurteilung wird ein Tropfen Sperma mit Wasser verdünnt und unter dem Mikroskop auf die Bewegungsfähigkeit hin untersucht. Bei gutem Sperma sollten über 75 % der Spermien 30-60 Sekunden lang eine lineare Vorwärtsbewegung zeigen. Sicherheitshalber wird meist Sperma von mehreren Männchen für die Befruchtung verwenden.
Die Bewegungsdauer des Spermas im Süßwasser ist temperaturabhängig und beträgt etwa 2 Minuten bei 5 °C, 1,5 Minuten bei 10 °C und 1 Minute bei 15 °C. Die Schwimmstrecke, die ein einzelnes Spermium zurücklegen kann, beträgt etwa 2-3 mm. Die in der Ovarienflüssigkeit enthaltenen Gynogamone verlängern die Bewegungsdauer der Spermien etwa um das doppelte, verringern allerdings etwas die Bewegungsintensität. Diese sollte daher nicht abgesiebt werden.
Die Befruchtungsfähigkeit der Eier im Wasser ist pH und temperaturabhängig und kurz, meist schließt sich die Mikropyle der Eier schon nach 0,5-1,5 Minuten, am spätesten bei einem pH-Wert von 7.
Eier und Sperma von Hechten, die bereits tot sind, verlieren schnell die Befruchtungsfähigkeit (innerhalb von 6 h bei 4 °C). Ohne Wasser abgestreifte Eier und Sperma können hingegen gut bis über 24 Stunden bei 4 °C gelagert oder transportiert werden.
Ähnlich wie bei den Salmoniden kann das Sperma der Hechte auch gefrierkonserviert werden, so ist es über Jahrzehnte haltbar. Die Befruchtungsraten sind bei gefrierkonserviertem Sperma jedoch meist etwas schlechter als bei frischem.
Für die Befruchtung werden am besten 1 ml Sperma je Liter Eier verwendet. Dazu wird das Sperma entweder ohne Wasser sofort mit den Eiern gründlich vermischt, oder aber das Sperma mit einem Liter Salzlösung (0,7-0,9 %) verdünnt und sofort mit den Eiern vermischt. Anstatt der Salzlösung kann auch eine Befruchtungslösung, aus 15 g Harnstoff $CO(NH_2)_2$ und 5 g Salz (NaCl) je Liter Wasser, zu den Eiern gegeben werden. Die Befruchtungslösung hat den Vorteil, dass sie die Bewegungsaktivität der Spermien verlängert, das Verstopfen der Mikrophylen durch das Eiweiß möglicher zerplatzter Eier vermindert und die stark klebende eiweißhaltige Schicht etwas reduziert. Dadurch kleben die Eier weniger stark zusammen. Anschließend werden die Eier 5-15 Minuten stehen gelassen.

Das Vermischen und Umrühren der Eier erfolgt vorsichtig, am besten durch Schwenken der Schüssel oder mit Hilfe einer großen Vogelfeder. Um Verluste durch mechanische Belastungen zu minimieren, kann die Befruchtung aber auch gleich in den Erbrütungsgläsern erfolgen.
Etwa 2-4 Minuten nach dem Kontakt mit Wasser wird die Oberfläche der Eihülle klebrig. Die Klebrigkeit der Eier klingt nach etwa einem Tag wieder ab, sodass eine Entklebung nicht notwendig ist, und damit eine zusätzliche mechanische Belastung vermieden werden kann.
Die frischen Eier nehmen im Wasser nun zwischen Eihaut und Dotterhaut Wasser auf und der osmotische Druck erhöht sich. Diese Zunahme des Volumens bzw. Gewichts beträgt etwa 25-40 %. Die befruchteten Eier haben ungequollen einen Durchmesser von etwa 1,5-2,5 mm und gequollen etwa 2,5-3,5 mm. Durchschnittlich gehen ungequollen 180.000-220.000 Stück Eier auf ein Kilogramm Eimasse bzw. 120.000-180.000 Stück Eier auf einen Liter und gequollen etwa 40.000-80.000 Stück Eier auf ein Liter Volumen.
Durch 2- bis 3-maliges Zählen und Messen einer Probe und durch Umrechnen auf das Gesamtvolumen wird die Eimenge bestimmt und vorsichtig in die Erbrütungsgefäße gebracht.
Die Befruchtungsrate kann sehr schwanken und beträgt durchschnittlich 70-90 % und die Schlupfrate 60-80 %.

Optimaltemperaturen
für verschiedene Entwicklungsstadien:

Stadium	Eier	Brut	Setzlinge	Laichfische
Temperatur °C	8-15	7-20	6-25	5-15

ERBRÜTUNG:

Die Eierbrütung erfolgt in Europa vor allem in Zugergläsern (siehe Abb.), in Amerika meist in MacDonald-Gläsern mit ca. 7-9 Liter Volumen oder in ähnlichen größeren trichterförmigen Gefäßen, in denen die Eier von unten mittels Wasserströmung in ständiger leichter Bewegung gehalten werden. Bis zu 2-3 Liter ungequollene Eier bzw. 3-4 Liter gequollene Eier können je 7-9 Liter fassendes Erbrütungsglas besetzt werden.

Für ein 7-9 l fassendes Erbrütungsglas sollte der Wasserdurchfluss etwa 1-3 l/min für die ersten 30-40 Tagesgrade betragen, sodass sich die Eier nur leicht bewegen, denn sonst können die Erbrütungsverluste um 20-25 % höher sein. Anschließend wird die Durchflussrate auf 2-4 l/min und ab dem Augenpunktstadium (welches nach etwa 50-70 Tagesgraden eintritt) auf 4-6 l/min erhöht. Ein Umrühren der Eier im Erbrütungsglas und das Lösen von zusammengeklebten Eiklumpen sollte die ersten 30-40 Tages- grade vermieden werden, denn auch dies kann zu Verlusten führen.

Die Eier werden täglich kontrolliert und nach 30-40 Tagesgraden werden die an der Wand anhaftenden Eier mit einer großen Vogelfeder vorsichtig gelöst. Durch Reißen der Dotterhaut (Protoplasma), die den Dotter (Globulin) einhüllt, wobei das Eiweiss ausfällt, werden die abgestorbenen Eier weiß. Die abgestorbenen weißen, etwas leichteren Eier sammeln sich durch die dauernde Rotation im Erbrütungsglas nun an der Oberfläche an einer Seite und können dort täglich mit einem kleinen Gummischlauch (5-7 mm Ø) abgesaugt werden.

Zur Vorbeugung gegen Pilzbefall (*Saprolegnia*, *Achlya*) wurde früher oft Malachitgrünoxalat verwendet, welches vom 2. Tag nach der Befruchtung bis zum Erreichen des Augenpunktstadiums, alle 1-3 Tage in einer Dosis von 0,5 bzw. 5,0 ppm für 50 bzw. 5 Minuten als Durchflussbad eingesetzt wurde. Da Malachitgrün in Verdacht steht, Krebs zu begünstigen, ist die Anwendung an Fischen, die später eventuell für den menschlichen Verzehr verwendet werden könnten, in vielen Ländern inzwischen verboten. Zur Vorbeugung kann daher statt Malachitgrün auch Detarox (25 ppm für 30 Minuten) verwendet werden. Organische Wasserbelastung und Wassertemperaturen von über 10 °C begünstigen die Entwicklung von Saprolegnia, saures und kalkarmes Wasser dagegen hemmt. Durch UV-Bestrahlung in einer Dosis von 50 mJ/cm^2 kann das Erbrütungswasser auch desinfiziert werden.

Die Erbrütung kann auch gut im Kreislauf mit oder ohne biologische Reinigung erfolgen, dabei kann die Wassertemperatur durch eine Flüssigkeitsklimaanlage genau geregelt werden.

Die Wasserqualität für Eier und Brut sollte so gut als möglich sein und in etwa der für Salmoniden entsprechen. Das Erbrütungswasser sollte einen hohen Sauerstoffgehalt von mindestens 7-9 mg/l, sowie einen geringen Stickstoff- und Schwebstoffgehalt aufweisen. Der Sauerstoffverbrauch von Hechteiern beträgt bei 15 °C am Anfang nur 5-6 mg/kg/h, bei der Hälfte der Entwicklungszeit etwa 60-65 mg/kg/h und zum Ende über 100-130 mg/kg/h. Beim Schlupf kann der Sauerstoffverbrauch bis etwa 200 mg/kg/h ansteigen. Die optimale Erbrütungstemperatur für Hechte beträgt 8-15 °C. Bei Temperaturschwankungen über 5 °C pro Tag sind die Erbrütungsverluste höher. Bei einer Wassertemperatur unter 5 oder über 20 °C können die Erbrütungsverluste über 50-80 % betragen.
Unbefruchtete und befruchtete Eier bis zu etwa 30-40 Tagesgrade sind sehr empfindlich gegen mechanische Belastungen, Erschütterungen und Druck. So können bei unbefruchteten Eiern, bei einer Fallhöhe von 25 cm 8 %, bei 50 cm 26 % und bei 100 cm 36 % Verluste auftreten. Eine Stunde nach der Befruchtung vertragen die Eier höchstens 10-20 g Belastung und nach einem Tag (6-10 Tagesgrade) erlangen sie ihre höchste Festigkeit von 250-450 g, anschließend verringert sich die Druckfestigkeit jedoch wieder und beträgt vor dem Schlupf weniger als 50 g.
Ein Transport von Eiern sollte daher vermieden werden bzw., wenn nötig, nur im Augenpunktstadium erfolgen. Besser ist es, die Laichfische zur Erbrütungsanlage bzw. erst schwimmfähige Brut zu transportieren. Die Verluste, die auf den Transport von befruchteten Eiern zurückzuführen sind können 30-50 % über den normalen Verlusten liegen.
Bei Beginn des Schlupfes werden die Eier in Schlupfbehälter oder Becken überführt und die Wassertemperatur um 1-3 °C gesteigert.
Der Schlupfvorgang einer Larve selbst, der normalerweise mit dem Schwanz zuerst erfolgt, dauert etwa 1-8 Minuten; bis alle geschlüpft sind dauert es jedoch meist mehrere Stunden. Es können alle Larven schneller (innerhalb 1-2 h) zum Schlüpfen gebracht werden, indem man, wenn etwa 10 % der Eier geschlüpft sind, diese im Verhältnis von 1 l Eier je 8-10 l Wasser, in flache Wannen gibt und die Wassertemperatur um 5 °C (auf 17 °C) steigert und so den Sauerstoffgehalt auf 25 % Sättigung reduziert. Einen ähnlichen Effekt erreicht man, wenn die Wannen mit einer dunklen Folie abgedeckt und in die Sonne gestellt werden.
Als Schlupfbehälter können auch Langstromrinnen verwendet werden. Diese sind meist 2-6 m lang, 0,4-0,6 m breit, 0,2-0,3 m tief und werden gelegentlich mit bis zu 10 Stück 40 x 40 bis 60 x 40 cm großen, hintereinander liegenden Siebeinsätzen mit 0,8-1,2 mm Maschenweite ausgestattet. Etwa 20.000-40.000 Brütlinge werden je Erbrütungsrahmen besetzt. Der Wasserdurchfluss sollte 15-20 Liter pro Minute betragen.

Zugergläser für die Eierbrütung. (Foto: M. Hochleithner)

Behälter für die Bruthaltung. (Foto: M. Hochleithner)

Erbrütungsdauer und Überlebensrate der Eier bis zum Schlupf
in Abhängigkeit von der Wassertemperatur:
(Nach: Willemsen in Raat, 1988)

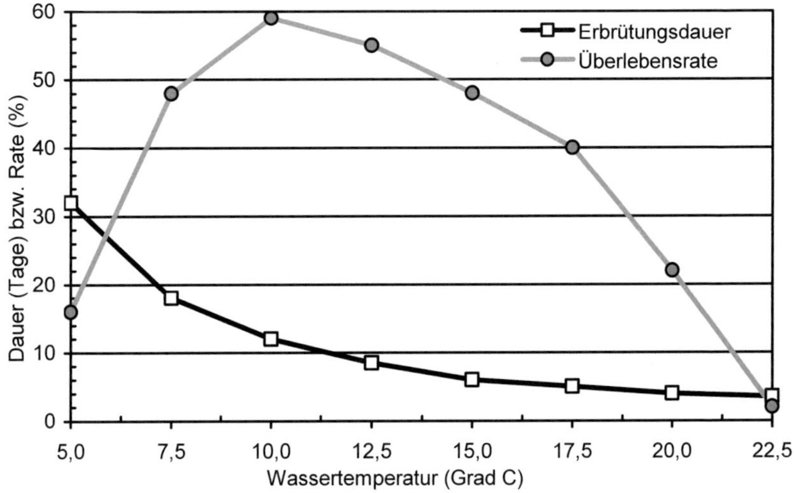

Die Entwicklung der Eier bis zum Schlupf beträgt, je nach Wassertemperatur und Lichtverhältnissen, rund 100-140 Tagesgrade (z.B.: 137 Tagesgrade bei 9 °C, 120 Tagesgrade bei 10 °C, 113 Tagesgrade bei 12 °C und 95 Tagesgrade bei 15 °C).
Nach dem Schlupf können die Brütlinge in einen schwimmenden (Holz-) Rahmen mit (2 x 20 mm) Schlitzblech geleert werden, durch den die geschlüpften Brütlinge durchgeschwemmt werden und die restlichen abgestorbenen Eier zurückbleiben. Die geschlüpfte Brut kann dann durch kreisförmiges Schwenken in einem Eimer auch von den Eihäuten getrennt werden. Die Eihäute konzentrieren sich dabei im Zentrum und können von dort einfach mit einem Schlauch abgesaugt werden. Die geschlüpfte Brut wird dann in Becken gesetzt.
In die Becken bzw. Behälter werden Zweige von Nadelbäumen (Fichten oder Tannen) gelegt, oder Netze aus Kunststoff (Maschenweite 1-4 mm) eingehängt, an denen sich die Brütlinge anheften können (siehe Abb.). Brütlinge, die sich nicht anheften können, gehen meist zugrunde. Einige Tage nach dem Anheften der Brut wird der Boden vorsichtig mit einem Schlauch von abgestorbenen Brütlingen, Eiern und Schalen abgesaugt.

Die Brütlinge werden in den Behältern bis zur Schwimm- und Fressfähigkeit gehalten, was in etwa 6-8 Tagen bei einer Wassertemperatur von etwa 12-16 °C erreicht ist.
Die frisch geschlüpften Larven sind etwa 6-10 mm lang. Nach weiteren 120-140 Tagesgraden bei einer Größe von 10-15 mm wird die Schwimmblase mit Luft gefüllt und die Brütlinge schwimmen dann nahe der Wasseroberfläche. Mit 150-160 Tagesgraden beginnt die aktive Nahrungsaufnahme und es muss mit dem Anfüttern begonnen werden, bevor noch der Dottersack restlos aufgezehrt ist (was 160-180 Tagesgrade nach dem Schlupf der Fall ist).
Bei Erreichen der Fressreife können die Brütlinge in Plastiksäcken mit Sauerstoffblase (im Verhältnis 80 % Sauerstoff : 20 % Wasser : 1 % Brütlinge) bei 10-15 °C in isolierten Kartons transportiert werden.
Für die möglichst exakte Ermittlung der Ei- oder Brutmenge (z.B.: vor dem Versand), wird die Wasserverdrängung oder das Gewicht einer vorher bestimmten Stückzahl (1.000 Stück) gemessen und das Ergebnis auf die entsprechende Gesamtmenge umgerechnet. Um ein exaktes Ergebnis zu erhalten, muss beim Messen, ähnlich wie auch bei Jungfischen, die Probe so „feucht" gemessen werden, wie anschließend auch die Gesamtmenge gemessen wird.
Durchschnittlich wiegen 90.000-110.000 Stück geschlüpfte oder 70.000-90.000 Stück schwimmfähige Brütlinge ein Kilogramm.

Messen der Brütlinge. (Foto: M. Hochleithner)

Aufzucht

ANFÜTTERUNG:

Die Umstellung der Larven von endogener Ernährung auf exogene Futterquellen ist ein kritischer Schritt in der Aufzucht. Sie vollzieht sich kurz bevor die Larven ihren Dottervorrat aufgebraucht haben. Um optimale Ergebnisse zu erzielen und weil nicht alle Fische die gleiche Entwicklungsgeschwindigkeit haben, sollte mit der Fütterung begonnen werden, bevor der Dottervorrat vollständig aufgezehrt wurde. Beschleunigt und erleichtert wird dies mit einer Temperaturerhöhung um 1-3 °C. Bei zu spätem Anfüttern magern die Brütlinge ab und können sich nur mehr schwer an die exogene Nahrungsaufnahme adaptieren; in der Folge kann es zu höheren Verlusten kommen.
Für die Anfütterung stehen verschiedene Methoden zur Verfügung. In der moderneren Fischproduktion werden für die Aufzucht oft Becken oder Silos verwendet.
Rundbecken (1-3 m Ø) oder Langstrombecken (2-6 x 1-2 m) mit einem Wasserstand von 30-80 cm werden meist für die Aufzucht mit lebendem Zooplankton verwendet (siehe Abb.). Diese, vorzugsweise aus glasfaserverstärktem Polyesterharz gefertigten oder aus Beton mit Chlorkautschukanstrich versehenen Becken sind UV- und witterungsbeständig, auf der Innenseite vollkommen glatt und durch den trichterförmigen Auslauf mit Kotgrube leicht zu reinigen. Die Becken mit leicht abfallendem Boden werden mit Standsieben (Maschenweite 0,5-1,0 mm), oder mit Bodensieben (Loch- oder Schlitzblech mit 1 x 20 mm Lochung) ausgestattet.
Silos (0,3-0,9 m Ø, mit einer Höhe von 1-2 m) sind platzsparende Behälter, deren oberer Teil zylindrisch und unterer Teil konisch ist und sich besonders für die Aufzucht mit Trockenfutter eignen. Der Wasserstand ist, im Gegensatz zu den üblichen Rundbecken, größer als der Durchmesser. Der Zulauf erfolgt von oben wie beim Rundbecken. Da die Bodenfläche relativ klein und zur Gänze mit einem Bodensieb abgedeckt ist sind sie sehr einfach zu reinigen. Durch den hohen Wasserstand und der daraus resultierenden langen Sinkzeit des Trockenfutters steht dieses länger zur Verfügung. Nicht aufgenommenes Futter und Kot fällt rasch durch das Bodensieb und vermindert so das Verschmutzen des Aufzuchtbehälters und eine Belastung der Fische.

Für die Anfütterung bis zu einer Größe von 3-5 cm eignet sich lebendes Zooplankton (Copepoden und Cladoceren) am besten. Der Fang des Zooplanktons erfolgt mit Planktonnetzen (1-2 m Ø und 5-10 m lang, Maschenweite 200-400 µm) in Seen und Teichen (siehe Abb.). Dabei werden meist zwei Netze mit einem Boot in 1-10 m Tiefe, bei ca. 1-2 km/h, 10-30 Minuten lang geschleppt. Je Quadratmeter Netzöffnungsfläche kann im Durchschnitt mit 2-6 kg Plankton je Stunde gerechnet werden. Grobes Zooplankton sollte anfangs am besten gesiebt werden (Nauplien mit 100-500 µm). Der Fang des feinen Zooplanktons erfolgt am besten mit speziellen Mehrfach-Siebnetzen (Maschenweiten ca. 100-150 + 200-300 + 400-600 µm), die das Plankton bereits beim Schleppen des Netzes in verschiedene Größenklassen sortieren. Der Transport zur Aufzuchtanlage erfolgt am besten ohne Belüftung bei einer Wassertemperatur unter 10 °C in Behältern mit ca. 20 l Wasser/l Plankton (für eine Dauer bis zu 30-40 Minuten), oder das lebende Zooplankton wird mit einer Flügelpumpe (max. 1.000 U/min.) zu den Aufzuchtbecken gepumpt. An geeigneten Stellen ist der Planktonfang auch mit im Seeabfluss eingehängten stationären Netzen wirkungsvoll und einfach möglich.

Die Zooplanktonproduktion von stehenden Gewässern wird oft unterschätzt. Der Fang von 100-200 g Zooplankton pro Hektar und Tag ist limnologisch absolut unbedenklich; in größeren Seen (Planktonbiomasse 5-10 g/m^2) sind daher ohne weiteres Fänge von bis zu 1.000 kg/Tag bzw. pro ha und Jahr möglich. Die Planktonverteilung im See ist jedoch nicht homogen: in der Nacht hält sich das Crustaceenplankton an der Oberfläche auf, am Tag, speziell im Sommer, befindet es sich meist tiefer. Bei Wind sammelt es sich oft aufgrund der entgegengesetzten Unterwasserströmung oberhalb der Sprungschicht nach einiger Zeit gegen die Windrichtung. Die Zusammensetzung des Zooplanktons ist im Frühjahr von Copepoden (*Diaptomus* und *Cyclops*) und bei Erwärmung des Wassers von Cladoceren (*Daphnia* und *Bosmina*) dominiert. Im Sommer kann es zum Auftreten von Raubcladoceren (*Leptodora* und *Bytotrephes*) kommen. Außerdem ist in dieser Zeit in nährstoffreichen Seen häufig mit einem massenhaften Auftreten von planktischen Algen (Phytoplankton) zu rechnen, die die feinmaschigen Fangnetze verlegen können.

Steht kein geeigneter See für den Planktonfang zur Verfügung, so kann Zooplankton auch in Naturteichen kultiviert und von dort abgefangen werden (siehe Tabelle).

Bei der Verfütterung von wildgefangenen, lebenden Zooplankton kann es jedoch zur Übertragung von Parasiten kommen (siehe Anhang).

Bewirtschaftung eines Zooplanktonteiches

unter optimalen Bedingungen (je ha):

(Nach: Bohl et al., 1999)

Zeit Monat	Temp. °C	pH-Wert ca.	Düngung abhängig*	Bestand %	Entnahme kg/Tag	Sonstiges Maßnahme
Februar	0-4	7,0-8,0	100 kg CaCo3 in 2-3 Gaben, 2x20 kg SP + 80 kg AS	20 Rot. 80 Cop. 0 Clad.	0 Rot. 0 Cop. 0 Clad.	Magere Teiche Rinderdung
März	4-10	8,0-8,5	20 kg SP + 80 kg AS 1-2 x/Woche	15 Rot. 80 Cop. 5 Clad.	3 Rot. 20 Cop. 1 Clad.	Nachtbelüftung Entnahme ab etwa 10. Tag
April	5-15	8,5-9,0	25 kg SP 1-2 x/Woche, + org. Düngung	10 Rot. 75 Cop. 15 Clad.	5 Rot. 38 Cop. 7 Clad.	Nachtbelüftung
Mai	10-20	8,5-9,0	25 kg SP 1-2 x/Woche, + täglich Phytoplankton	5 Rot. 20 Cop. 75 Clad.	7 Rot. 30 Cop. 113 Clad.	Nachtbelüftung Bei geringer Entnahme n. 4-7 Tage KWS
Juni	15-25	7,5-8,0	10 kg SP 1 x/Woche, + Phytoplankton	5 Rot. 10 Cop. 85 Clad.	5 Rot. 10 Cop. 85 Clad.	Nachtbelüftung Makrophyten reduzieren
Gesamt					**9.500 kg**	**pro Saison**

Abkürzungen:
* je nach Wetter und Biomasse; SP = Superphosphat; AS = Ammoniumsulfat; KWS = Klarwasserstadium; Rot. = Rotatorien; Cop. = Copepoden; Clad. = Cladoceren.

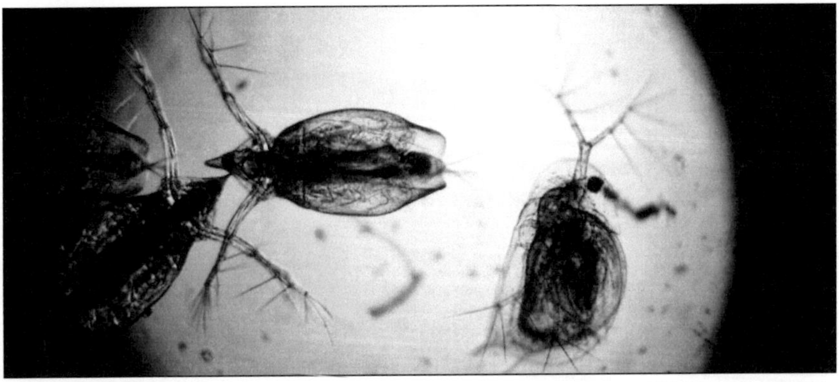

Zooplankton (Daphnien). (Foto: M. Hochleithner)

Ist ein Fang von Zooplankton in natürlichen Gewässern nicht möglich, kann auch mit gezüchtetem Zooplankton angefüttert werden. Salinenkrebschen (*Artemia spp.*) - Nauplien eignen sich ebenfalls für eine kurze Anfütterung von 1-2 Wochen. Dabei werden die Artemia Eier in 24-28 °C warmen Salzwasser (2,0-2,5 % Salz, optimal pH 8,0) erbrütet. Man verwendet meist 3 trichterförmige Behälter (30-300 l Volumen) wobei das Wasser durch Einblasen von Luft zur Rotation gebracht wird. Je Liter Wasser werden 2-3 g Eier besetzt und nach 18-24 Stunden die Belüftung abgestellt. Nach 10-20 Minuten sammeln sich die geschlüpften Artemialarven unten im Trichter und können von dort mit dem Belüftungsschlauch abgesaugt und abgesiebt werden. Dieser Vorgang wird nach 24 Stunden wiederholt. Wenn die Eihüllen abgeschöpft werden, kann das Wasser für einen zweiten Zyklus verwendet werden.
Lebendes Zooplankton wird 2-4 mal/Tag verfüttert und muss den Hechtbrütlingen reichlich zur Verfügung stehen (siehe Abb.). Sie fressen nicht in Intervallen, sondern kontinuierlich, so dass stets der Magen gefüllt ist. Die Verdauung dauert bei leerem Darm etwa 2-4 und bei vollem Darm etwa 4-6 Stunden. Generell sollten die Hechtbrütlinge bei Tageslicht nicht länger als 6 Stunden ohne Futter bleiben, da sonst der Kannibalismus schnell einsetzt. Daher sollte die Beleuchtung erst kurz vor der Fütterung beginnen. Steht genügend Futter zur Verfügung, können die Becken auch bis zu 18 Stunden/Tag beleuchtet werden. Die ersten Tage benötigen die Hechte etwa 50-70 Planktonkrebschen/Tag und mit einer Größe von 2,0-2,5 cm bereits etwa 500-700 Planktonkrebschen/Tag. Um eine Größe von ca. 5 cm zu erreichen, benötigt ein Hecht durchschnittlich etwa 50.000-60.000 Planktonkrebschen.
Bei der Verfütterung von Zooplankton beträgt der Futterquotient etwa 3-4. Die Brütlinge des Muskellunge akzeptieren Trockenfutter für gewöhnlich nur schlecht. Nordische Hechte und Tiger-Muskies können auch mit speziellem Trockenfutter (Rohprotein 55-60 %, Rohfett 10-15 %, Futtergröße 0,1-0,3 mm) unter intensiven Bedingungen in Becken oder Silos aufgezogen werden, was wirtschaftlicher als die herkömmliche Teichmethode mit Lebendfutter ist. Die Kosten der Aufzucht über 3 Monate betragen bei Lebendfutter im Vergleich zu Trockenfutter etwa das 10-fache. Dazu werden die Brütlinge über Futterautomaten in Intervallen von 3-5 Minuten für 16 Stunden über den Tag bei genügend Helligkeit (ca. 200 Lux) gefüttert. Die tägliche Futterration beträgt etwa 5-2 %. Die Futterautomaten sollten dabei das Futter auf über 90 % der Beckenoberfläche verteilen. Nachdem die Brütlinge das Futter akzeptiert haben, können die Fütterungsintervalle auf 10 Minuten und wenn die Fische ca. 10 cm lang sind, auf 15 Minuten reduziert werden.

Fang von Zooplankton in einem See. (Foto: S. Jäger)

Vorgestreckte Hechte beim Fressen von Zooplankton. (Foto: M. Hochleithner)

Beim Vorstrecken mit Zooplankton sollte der Wasserzulauf (2-6 Liter/m^3 Volumen bzw. 1 Liter/10.000 Brütlinge, je Minute) am besten über ein gelochtes Zulaufrohr, das horizontal über dem Becken montiert ist, erfolgen. Die Strömung sollte möglichst gering sein. Beim Vorstrecken mit Trockenfutter sollte der Wasserwechsel 1-4 mal/h erfolgen.
Die optimale Wassertemperatur für das Vorstrecken in Becken oder Silos beträgt mit Zooplankton etwa 10-15 °C und mit Trockenfutter etwa 15-20 °C.
Die Besatzdichte beträgt je nach Form und Methode etwa 10.000-50.000 Stück/Kubikmeter Wasser bei Becken und bis zu 100.000-200.000 Stück/Kubikmeter bei Silos. Die Überlebensraten beim Vorstrecken mit lebenden Zooplankton betragen durchschnittlich bis zu einer Länge von 2-3 cm etwa 70-90 % bzw. bis zu 4-6 cm etwa 40-60 % vom schwimmfähigen Brütling gerechnet. Wird mit Trockenfutter angefüttert, sind die Verluste beim Vorstrecken meist höher und betragen bis zu eine Größe von 7-9 cm durchschnittlich etwa 70-80 %.
Die Becken oder Silos müssen mindestens 1 x täglich von toten Fischen, Futterresten und Exkrementen gereinigt werden. Bei der Trockenfutteraufzucht in Silos wird durch rasches Absenken des Wasserstandes um 1/4 der Großteil der Exkremente und Futterreste durch das Bodensieb mitgerissen. Bei der Planktonaufzucht werden die Exkremente und Futterreste durch einen Saugschlauch (mit Staubsaugaufsatz) in einen Behälter, der einen Schlitzblecheinsatz (von 1-2 x 10-20 mm Lochgröße) hat und eventuell mitgesaugte Fische sammelt, abgesaugt.
Da Hechte schnell auseinander wachsen können und aggressiv sind, müssen sie in der Intensivhaltung etwa alle 3-6 Wochen sortiert werden, um den Kannibalismus in Grenzen zu halten. Die kannibalischen Tiere sollten wenn möglich entfernt und getrennt gehalten werden.
Zur Krankheitsvorbeugung und gegen mögliche Außenparasiten, auf die Jungfische besonders empfindlich reagieren, wird in der Regel 1 x pro Woche mit geeigneten Mitteln behandelt (siehe Krankheitsbehandlung).

Rundbecken. (Foto: M. Hochleithner)

Langstrombecken. (Foto: M. Hochleithner)

TEICHWIRTSCHAFT:

Für die Hechtaufzucht eignen sich am besten kleinere nicht zu tiefe, neutrale bis leicht saure Naturteiche, die einen guten Bestand an Wasserpflanzen aufweisen (siehe Abb.). Manchmal werden auch überflutete Wiesen verwendet, die dabei durch die dichte Pflanzendecke und die sich zersetzenden Pflanzen meist höhere Überlebensraten und Erträge liefern.

Um vollständig abgefischt und trockengelegt werden zu können, sollten die Teiche vom Einlauf bis zum Auslauf ein Gefälle von 2-5 % und ein gutes Grabensystem aufweisen. Sie werden im Winter trockengelegt, um eine Mineralisierung der Nährstoffe zu erreichen. Gegebenenfalls wird mit 250-750 kg Branntkalk (CaO)/ha, der möglichst gleichmäßig und fein verteilt aufgebracht wird, gekalkt. Gedüngt wird am besten mit organischem Dünger (1.000-2.000 kg angerotteter Stallmist von Rindern oder Schafen/ha), der entweder im Herbst in den Boden eingearbeitet, oder noch besser im Frühjahr in Haufen verteilt wird. Alternativ kann auch mit anorganischem Dünger (Phosphorpentoxid) ca. 30 kg P_2O_5/ha gedüngt werden (z.B.: 150 kg Superphosphat/ha in kalkreichen Teichen), um eine gute Zooplanktonentwicklung zu erreichen. Die Zooplanktondichte sollte mindestens 3-5 g/m^3 (30-50 Planktonkrebschen/l) betragen. Im Jahresdurchschnitt beträgt die Zooplanktonkonzentration in Teichen ca. 10 g/m^3, im Frühsommer können Biomassen bis über 50 g/m^3 erreicht werden. Der Teich wird erst 1-2 Wochen vor dem Brutbesatz mit gefiltertem Wasser eingestaut (bespannt), um eine vorzeitige Insektenlarvenentwicklung (Libellen und Wasserkäfer) zu verhindern. Gegebenenfalls kann auch nach dem Fischbesatz mit etwa 20 kg Plankton/ha der Teich beimpft werden, oder es wird zooplanktonhaltiges Wasser von einem oberhalb liegenden Teich eingeleitet.

Besatz und Abfischung erfolgen am besten in den frühen Morgenstunden oder an Regentagen, um hohe Temperaturen und pH-Werte zu vermeiden. Das effektivste Ablassbauwerk ist der sogenannte Mönch, eventuell mit anschließendem unterteilbarem Abfischgraben oder Abfischkasten. Der Mönch ermöglicht die schrittweise Regulierung des Wasserstandes durch senkrechte Staubretter, wie auch die Entnahme des Wassers aus verschiedenen Tiefen und erlaubt gleichzeitig einen ständigen Überlauf. Ein über die gesamte Vorderfront des Mönches reichendes Gitter oder Schlitzblech verhindert das Verstopfen und erleichtert die Reinigung. Um die Durchflussleistung voll nutzen zu können, sollte der Raum zwischen Staubrettreihe und Mönchrückwand mindestens 2 mal so groß sein wie der Querschnitt des Ablaufrohres.

Geeignete Abfischmethoden sind der Einsatz von Zugnetzen im Teich vor dem Mönch oder besser die Verwendung eines Abfischkastens oder einer Abfischgrube hinter dem Mönch. Für genügend Frischwasserzufuhr ist zu sorgen. Da in stark verkrauteten Teichen oft 5-15 % der juvenilen Hechte unter den Wasserpflanzen liegen bleiben, sollten die Teiche langsam abgelassen und diese Bereiche besonders durchsucht werden. Oder der Teich wird nach dem Abfischen sofort wieder flach bespannt und in den nächsten Tagen nochmals abgefischt. Für die Teichpflege gelten die sonst üblichen Richtwerte der Teichwirtschaft. Fischfeinde wie Amphibien und Reptilien, sowie Wasservögel sind stets fernzuhalten.

Für die Produktion von vorgestreckten Hechten werden für gewöhnlich seichte, gut gedüngte Vorstreckteiche verwendet. Der Besatz beträgt etwa 50.000-100.000 Stück schwimmfähige Brütlinge je Hektar. Nach 4-8 Wochen können durchschnittlich 10.000-30.000 Stück vorgestreckte Hechte mit einer Größe von 2-3 Gramm abgefischt werden.

Für die Produktion von sömmerigen Hechten werden meist Streckteiche und Weiher mit starkem Wasserpflanzenbewuchs verwendet. Der Besatz beträgt etwa 300.000-400.000 St. Eier, 20.000-30.000 St. schwimmfähige oder 10.000-15.000 St. vorgestreckte Brütlinge mit 2-3 cm je Hektar. Nach 2-4 Monaten kann ein Abfischergebnis von durchschnittlich 5.000-10.000 St./ha mit einer Größe von 8-13 cm erreicht werden.

Für die Produktion von einsömmerigen Hechten als Nebenfische werden oft Abwachsteiche verwendet. Der Besatz beträgt etwa 1.000-2.000 St. schwimmfähige oder 100-500 St. vorgestreckte Brütlinge je Hektar. Im Herbst, zum Ende der ersten Wachstumsperiode, können bei einer Überlebensrate von durchschnittlich 20-40 %, Jungfische mit einer Größe von etwa 20-30 cm abgefischt werden.

Für die Produktion älterer Hechte in Karpfenteichen, die meist nicht jährlich abgefischt werden, werden zur Dezimierung unerwünschter Kleinfische (Weißfische, Stichlinge, Barsche etc.), die unter anderem als Nahrungskonkurrenten der Karpfen auftreten, 100-500 St. vorgestreckte oder 10-50 St. einsömmerige Hechte je Hektar als Nebenfische zu den größeren Karpfen gesetzt. Der Ertrag richtet sich nach dem Bestand an Wasserpflanzen und Futterfischen und entspricht in etwa jenem von anderen natürlichen Gewässern. In Karpfenteichen wachsen Hechte meist schneller als in Seen und erreichen früher die Geschlechtsreife.

Pflanzenfressende Fische wie Amur (*Ctenopharyngodon idella*) sollten nicht zu Hechten gesetzt werden, da sie die Wasserpflanzen und damit die Deckung reduzieren. Ebenso ist ein intensiver Besatz mit Karpfen (*Cyprinus carpio*) in Hechtaufzuchtteichen zu vermeiden.

Im ersten Sommer können sich Hechte auch ausschließlich von Zooplankton und Insektenlarven ernähren. Um den Kannibalismus etwas zu verringern, sollten ab einer Größe von 3-5 cm aber auch frisch geschlüpfte Brütlinge wie Weißfische oder Karpfen etc. verfügbar sein. Für größere Hechte sollten Futterfische in gutem Gesundheitszustand und in verschiedener Größe zur Verfügung stehen. Der tägliche Nährtierbedarf juveniler Hechte beträgt bei einer Wassertemperatur von 10 °C etwa 2-3 %, bei 15 °C etwa 3-5 % und bei 20 °C etwa 5-9 % des Körpergewichtes.
Der Bestand an einsömmerigen Hechten kann bis zu 70-140 kg/ha mit Pflanzen bewachsenes Gewässer reichen. Geringere Besatzdichten erhöhen meist die Überlebensrate und das Einzelgewicht, verringern aber den Hektarertrag. In kleineren seichteren Teichen (unter 100 m^2) können höhere Überlebensraten erreicht werden als in größeren tieferen Teichen (über 200 m^2). Von Vorteil ist es auch, wenn die Besatzfische von einem Mutterfisch stammen, daher sollten die Eier oder Brütlinge verschiedener Mutterfische nicht vermischt werden. Dadurch kann die Mortalität ebenfalls um 20-30 % verringert werden.

Naturteich. (Foto: M. Hochleithner)

NETZGEHEGE:

In Osteuropa wurde in den 1970er Jahren die Methode der Aufzucht von Fischbrut in beleuchteten Unterwassergehegen entwickelt, die heute vor allem in Seen in Mitteleuropa angewendet wird (siehe Abb.).
Diese Produktionsmethode basiert auf einer Planktonfütterung in natürlichen stehenden Gewässern, wobei die Nährtiere mit einer Lichtquelle, die sich im Zentrum der Gehege befindet, angelockt werden. Hauptsächlich Copepoden und Cladoceren, aber auch eine Vielzahl von anderen Nährtieren reagiert positiv phototaktisch und wird in der Nacht durch die zentrale Unterwasserlampe (10-100 Watt) ins Innere der Gehege gelockt. Dies führt zu einer bis 50-fachen Konzentration der Nährtiere, die den Brütlingen als Futter dienen. Die würfelförmigen Gehege (2 x 2 x 2 m) sind meist aus hochwertigem, resistentem, monofilem Polyester mit einer Maschenweite von ca. 1 mm gefertigt und besitzen einen Durchgang mit Reiß- oder Klettverschluss für die Kontrolle und das Kabel. Die Gehege werden faltenfrei in ein starkes Metallgestell gespannt und über einen Ausleger mit einem Seil am besten 1 m unter die jeweilige Sichttiefe bzw. ca. 3-5 m unter die Wasseroberfläche abgesenkt. Montiert werden die Ausleger auf Schwimmstegen und etwas vom Ufer entfernt verankert. Die Stromzuleitung erfolgt über Unterwasserkabel und einen Transformator (12 Volt). Für die autonome Funktion in abgelegenen Gebieten bieten sich effiziente Solarpaneele (Photovoltaik) an.
Als Standort für eine derartige Gehegeanlage eignen sich Gewässer die zur betreffenden Zeit mindestens 500-1.000 Planktonkrebschen/m^3 aufweisen. Abhängig von der Verfügbarkeit des Zooplanktons können Besatzdichten von 3.000-6.000 Stück/m^3 (bis zur Größe von 2-3 cm) und Überlebensraten von 50-90 % erreicht werden. Viel größer als 2-3 cm lassen sich die Hechtbrütlinge bei dieser Methode aufgrund des Nahrungsangebotes (hoch in der Nacht aber gering am Tag) und des einsetzenden Kannibalismus (ab einer Länge von 16-24 mm, wobei der Anteil an Kannibalen von der zweiten auf die dritte Fütterungswoche etwa von 5 auf 50 % steigt) meist nicht vorstrecken.
Die Betreuung der Anlage beschränkt sich auf die Funktionskontrolle des Systems, die periodische Reinigung der Netze mittels Hochdruckreiniger, um ein Zuwachsen der Gehege durch Algen oder Kotreste zu verhindern (je nach Eutrophierung und Wassertemperatur alle 1-7 Tage), und auf die Überwachung der Planktonentwicklung in dem betreffenden Gebiet. Dieses System ist besonders umweltfreundlich, da weder Futter noch Dünger eingebracht werden.

Beleuchtete Netzgehegeanlage. (Foto: M. Hochleithner)

Kontrolle und Reinigung der Netzgehege. (Foto: M. Hochleithner)

MANAGEMENT:

Wichtig für das Management ist die exakte Erfassung aller für die Produktion relevanten Daten. Hierbei sind nicht nur Wasseranalysen, Sortierergebnisse und Verlustlisten, sondern auch Fütterungs- und Reinigungsprotokolle von wesentlicher Bedeutung.
Ein wichtiges Kriterium für optimales Wachstum ist die Größenzusammensetzung der gehaltenen Fische. Speziell durch Kannibalismus können sich bei den Jungfischen innerhalb von wenigen Tagen signifikante Größenunterschiede ergeben. Zur Vermeidung solcher teilweise haltungsbedingter Probleme ist eine öftere Sortierung der Fische in verschiedene Größenklassen notwendig. Die Sortierung in einzelne Größenklassen hat eine eindeutig positive Auswirkung auf Wachstum und Mortalität. Grundsätzlich gilt, je intensiver die Produktion, desto öfter sollte sortiert werden. In den Naturteichen ist eine geordnete Sortierung natürlich nur beim Besatz und der (herbstlichen) Abfischung möglich. Meist wird nach Größe in ca. 2-3 Klassen sortiert.
Licht beschleunigt die Ei- und Larvenentwicklung etwas, erhöht jedoch auch die Verluste und die Larven sind kleiner. Direkte Sonneneinstrahlung sowie intensives Kunstlicht auf Eier und Brut sollte daher verhindert werden. Um fressen zu können, brauchen die Jungfische allerdings Licht, absolute Dunkelheit ist daher zu vermeiden. Juvenile Hechte bevorzugen Dämmerlicht (unter 1 Lux), für die Fütterung mit Trockenfutter ist aber gute Beleuchtung notwendig. Dauerbeleuchtung (24 h Licht/Tag) wirkt sich negativ auf das Wachstum aus (die Hechte sind hyperaktiv und schwimmen andauernd). Bei direkter Sonneneinstrahlung, sowie zur Eindämmung des Algenwachstums, sollten die Aufzuchtbecken teilweise abgeschattet werden.
Hechte vertragen allgemein Wassertemperaturen bis 30-32 °C. Die Optimaltemperatur für das Wachstum liegt beim Nordischen Hecht bei 19-21 °C. Bei 14 und 25 °C verringert sich die Gewichtszunahme um etwa 22 %. Generell haben Juvenile ein um bis zu 5 °C höheres Temperaturoptimum für das Wachstum als Adulte. Die Optimaltemperatur für das Wachstum liegt beim Muskellunge (nahe 24-26 °C) um 2-4 °C höher als beim Nordischen Hecht. Über einer Wassertemperatur von 24 °C wächst der Muskellunge etwas besser als der Nordische Hecht, darunter ist dies umgekehrt.

Der kritische Sauerstoffgehalt liegt temperaturabhängig bei unter 1,5 mg/l bei 25 °C, 1,0 mg/l bei 15 °C, und 0,5 mg bei 5 °C. Für ein optimales Wachstum sind jedoch Sauerstoffgehalte nahe dem Sättigungswert nötig.

Bei einem Sauerstoffgehalt von 2-4 mg/l wird die Futteraufnahme eingestellt und die Fische halten sich nahe der Wasseroberfläche auf. Bei einem Sauerstoffgehalt von unter 1 mg/l wird auch die Aktivität stark reduziert. Generell tolerieren Männchen bzw. kleinere oder langsam wachsende Hechte etwas niedrigere Sauerstoffwerte als die Weibchen bzw. größere.

Die Stoffwechselrate, die sich entsprechend im Sauerstoffverbrauch niederschlägt, hängt bei Fischen stark von der Wassertemperatur und Aktivität ab. Der durchschnittliche Sauerstoffverbrauch von Hechten beim Standard-Grundstoffwechsel beträgt, relativ unabhängig von der Größe, unter 0,1 mg/kg/h bei 5 °C, etwa 0,2 mg/kg/h bei 15 °C, bis über 0,3 mg/kg/h bei 25 °C. Durch Aktivitäten beim Schwimmen erhöht sich der Sauerstoffbedarf um etwa 15 % und durch sonstige Aktivitäten (Verdauung) insgesamt um etwa 150 %.

Hechte verdauen temperaturunabhängig etwa 81-93 % der aufgenommenen Futterfische, der Rest wird als Kot ausgeschieden. Vom aufgenommenen Stickstoff wird durchschnittlich etwa 8 % ausgeschieden, hauptsächlich über die Kiemen.

Bei der Verfütterung von Futterfischen beträgt der Futterquotient 2,5-3,5 bei juvenilen Fischen und kann nach Erreichen der Geschlechtsreife bis über 5,0-8,0 bei älteren Fischen ansteigen.

Der Zuwachs beträgt in der warmen Jahreszeit etwa 1,0-1,5 % pro Tag. Werden Hechte in Becken aufgezogen, so verringert sich meist der Futterquotient, allerdings auch die Wachstumsrate.

Der Energiebedarf für das maximale Wachstum beträgt für Hechte mit 10 g bei 20 °C etwa 456 kJ und bei 15 °C etwa 261 kJ je Kilogramm Körpergewicht und Tag.

Krebsplankton hat einen Anteil von etwa 89-93 % Wasser und in der Trockensubstanz etwa 42-61 % Rohprotein, 10-33 % Rohfett, 10-25 % Kohlenhydrate, 6-18 % Rohasche und 7-9 % Rohfaser sowie einen Energiegehalt von 1.558-2.247 kJ/g (siehe auch Tab.)

Nährstoffgehalt

der wichtigsten Fischnährtiere:

(Nach: Bohl et al., 1999; Schäperclaus, Lukowicz et al., 1997; Steffens et al., 1981)

Anteil (%)	Wasser	Protein	Fett	Kohlenhydrat
Krebse:				
Cladoceren				
Frischsubstanz	89-93	2-4	1-6	1-4
Trockensubstanz	---	46,6	10,2	25,0
Copepoden				
Frischsubstanz	89-92	1-4	1-4	1-3
Trockensubstanz	---	41,6	32,7	19,8
Gammariden				
Frischsubstanz	74-88	6-22	1-13	2-4
Insekten:				
Chironomiden				
Frischsubstanz	83-88	6-8	1-2	2-4
Trockensubstanz	---	55,2	8,2	28,4
Ephemeriden				
Frischsubstanz	80-81	11-13	2-4	2-4
Trockensubstanz	---	60,2	15,2	15,3
Würmer:				
Tubifiziden				
Frischsubstanz	83-88	7-9	1-3	2-4
Trockensubstanz	---	54,0	18,4	21,5
Mollusken:				
Schnecken*				
Frischsubstanz	73-79	10-19	1-2	4-6

* Vorderkiemenschnecken ohne Schale

KRANKHEITSBEHANDLUNG:

Hygiene ist eine grundsätzliche Anforderung für erfolgreiche Fischzucht. Verendete Tiere sind möglichst sofort zu entfernen. Alle Geräte sind regelmäßig mit geeigneten Mitteln (10 %iges Formaldehyd) zu desinfizieren. Bei Becken kann die Desinfektionslösung (0,3-0,5 l/m²) gut mit einer Gießkanne verteilt aufgebracht werden. Die Einwirkzeit ist temperaturabhängig und sollte mindestens 30 min bei 20 °C, 60 min bei 12 °C, oder 150 min bei 4 °C betragen. Teiche werden am besten sofort nach dem Abfischen mit Brannt- oder Chlorkalk desinfiziert, allerdings muss der Teich zur Beseitigung zu hoher pH-Werte vor einem neuen Besatz 2-6 Wochen lang gefüllt und nochmals abgelassen werden.
Grundsätzlich muss festgehalten werden, dass bei "vernünftiger" Haltung der Fische unter guten Bedingungen viele Krankheiten erst gar nicht auftreten. Umweltfaktoren haben also direkt oder indirekt einen großen Anteil am Entstehen von Krankheiten. Vor allem bei schlechten Haltungsbedingungen in der intensiven Produktion kann es zum Auftreten von Krankheiten kommen. Diese sollten, wenn möglich, unmittelbar bekämpft werden, langfristig sind die Haltungsbedingungen zu verbessern. Das Vorliegen einer Erkrankung kann oft schon am veränderten Verhalten der Fische (Fressunlust) festgestellt werden.
Durch UV-Bestrahlung des Wassers können Parasiten, Bakterien und Viren abgetötet werden. Bei einer Dosis von 20-30 mWs/cm² etwa *Aeromonas, Sarcina, Saprolegnia*, und bei einer Dosis von 100-300 mWsec/cm² etwa *Trichodina, Ichthyophthirius*. Zur 90 %igen Reduzierung reicht etwa die Hälfte bis ein Drittel der Dosis aus. Zu beachten ist aber, dass mit der Trübung im Wasser auch die Absorption der Strahlung von 3 auf 60 %/cm Bestrahlungstiefe steigen kann.
Gegen viele Außenparasiten (*Chilodonella, Trichodina, Dactylogyrus, Gyrodactylus*) bietet sich 36 %iges Formalin, für eine Kurzzeitbehandlung (0,5-2,0 h) in einer Dosis von 200-300 ppm bzw. für eine Langzeitbehandlung (12-48 h) in einer Dosis von 20-30 ppm, als Bad an. Als Alternative eignet sich für einige Außenparasiten (*Trichodina, Argulus, Ergasilus*) stattdessen auch Kochsalz (NaCl) in einer Dosis von 1-2 % für ca. 1 h. Während des Behandlungsbades werden die Fische beobachtet, um im Fall von Stressreaktionen frisches Wasser beizufügen oder gegebenenfalls die Behandlung zu unterbrechen. Da Salz eine starke Schleimabsonderung hervorruft, in der sich meist die Parasiten befinden, ist es besser, das Bad in einem großen Transportbehälter oder ähnlichem durchzuführen und das Behandlungswasser anschließend zu entfernen.

Behandlung gegen verschiedene Ektoparasiten
bei positiver Diagnose:

Erreger	Chemikalie	Konzentration	Dauer
Einzeller	Kochsalz (NaCl)	1,0-2,0 %	für 1 Stunde
– „ –	Formalin (36 %ig)	300 ppm	für 1 Stunde
– „ –	Wasserstoffperoxyd	100 ppm	für 1 Stunde
– „ –	Detarox AP	20 ppm	für 1 Stunde
– „ –	Chloramin T	15 ppm	für 1 Stunde
– „ –	Kaliumpermanganat	10 ppm	für 1 Stunde
– „ –	Trypaflavin	10 ppm	für 1 Stunde
– „ –	Chlorkalk	2 ppm	für 1 Stunde
– „ –	Kupfersulfat	1 ppm	für 1 Stunde
Gyrodactylus	Peressigsäure (40 %ig)	3 ppm	für 24 Stunden
Dactylogyrus	Formalin (36 %ig)	20 ppm	für 24 Stunden
Piscicola	Branntkalk	2000 ppm	für 10 Sekunden
Ergasilus	Trichlorphon	0,5 ppm	für 5 Minuten
Argulus	Trichlorphon	0,3 ppm	für 12 Stunden

Abkürzungen: ppm = **p**art **p**er **m**illion (Teil pro Million) = 1 g bzw. 1 ml/m3 oder 1 mg/l.

Achtung: *Einige Mittel sind in manchen Ländern nicht mehr zulässig oder nur über den Tierarzt per Verschreibung erhältlich!*

Bei der Verwendung von Chemikalien oder Medikamenten sollte man zur Vorsicht erst einen Test mit einer kleinen Anzahl von Fischen (10 Stück) durchführen. Bei größeren Krankheitsproblemen sollte man unbedingt den Fischgesundheitsdienst um Rat fragen, bzw. einige Lebendfische zur Untersuchung einschicken. Einige Medikamente sind ohnedies nur über den Tierarzt erhältlich, da verschreibungspflichtig.
Bakterienkrankheiten können mit Antibiotika (verschreibungspflichtig) behandelt werden, allerdings wird auf die Angabe von Antibiotika zur prophylaktischen Behandlung bewusst verzichtet, da dies bei unsachgemäßer Anwendung nur zu unerwünschter Resistenzbildung führen würde. Wenden Sie sich bitte an den für Sie zuständigen Fischgesundheitsdienst (siehe Anhang).
Viruserkrankheiten können nicht behandelt werden, allerdings sind dabei generell alle tierseuchenrechtlichen Bestimmungen zu beachten.

TRANSPORT:

Für den Transport werden die Fische je nach Transportdauer, Temperatur und Fischgröße mindestens einen Tag vorher nicht mehr gefüttert, um die Ausscheidungen während des Transportes geringer zu halten.
Setzlinge und Speisefische werden am zweckmäßigsten in geschlossenen Transportbehältern aus glasfaserverstärktem Polyester mit Sauerstoffversorgung befördert. Für längere Transporte eignen sich am besten weiße, isolierte Behälter, da diese sich nicht so schnell erwärmen wie dunkle. Der Sauerstoff wird bei Gummiausströmern zu etwa 10-30 % und bei Keramikausströmern zu 50-90 % genutzt. Eine Belüftung mit Luft oder Umwälzpumpe bietet sich vor allem bei kleineren Mengen im PKW an.
Bei zu warmer Witterung kann das Transportwasser mit Eis gekühlt werden. Dividiert man die Wassermenge des Transportbehälters durch 80, erhält man die Menge (kg) an Eis die zur Abkühlung des Wassers um 1 °C notwendig ist. Zusätzlich kann, zur Verringerung von osmotischem Stress, 0,5 % Kochsalz (NaCl) zugesetzt werden.
Kleinere Mengen an Brut oder Setzlingen können sehr gut in starken Plastiksäcken mit Wasser und Sauerstoffblase über weite Strecken transportiert werden. Um Temperaturschwankungen zu minimieren, verwendet man bei wärmerem Wetter und längeren Transporten am besten Kisten aus Styropor oder isolierte Kartons, in denen die mit Sauerstoff aufgefüllten Säcke gelegt werden.
Die Transportdichte ist wesentlich von der Wassertemperatur und Transportdauer abhängig (siehe auch Tab.).
Die Transportdichte kleinerer Hechte im Plastikbeutel (mit 10-20 Liter Wasser und 30-40 l Sauerstoffblase) bei einer Temperatur von etwa 8-10 °C und einer Transportdauer bis zu 12 Stunden kann etwa 1:10 bis 1:20 betragen.
Die Transportdichte größerer Hechte im Transportbehälter mit Sauerstoffversorgung bei einer Temperatur von etwa 8-12 °C und einer Transportdauer bis zu 12 Stunden kann etwa 1:4 bis 1:6 betragen.

Transportmengen schwimmfähiger Hechtbrut
in 1.000 Stück je 20 Liter Wasser und 30 Liter Sauerstoff im Plastikbeutel:

Dauer	4	8	12	24
10 °C	80	60	40	20
15 °C	40	30	20	10

Transportmengen vorgestreckter Hechte (3-4 cm)
in kg je 20 Liter Wasser und 30 Liter Sauerstoff im Plastikbeutel:

Dauer h	4	6	8	10
10 °C	1,50	1,00	0,75	0,50
15 °C	1,00	0,75	0,50	0,25

Transportmengen vorgestreckter Hechte (3-4 cm)
in Stück je Liter Wasser mit Sauerstoffversorgung im Transportbehälter:

Dauer h	2	4	6	8
10 °C	80	60	50	40
12 °C	60	50	40	30
15 °C	50	40	30	20
18 °C	40	30	20	10

Bei einer Transportdauer über 8 Stunden ist die Besatzdichte um 50 % zu verringern oder ein Wasserwechsel notwendig.

Transportbehälter mit Spritzschutz und Umwälzsystem. (Foto: M. Hochleithner)

Fischerei

GESCHICHTE:

Hechte wurden schon seit vielen Jahrhunderten als Lebensmittel geschätzt und in vielen Ländern spielen sie eine kleine, aber wichtige Rolle in der Fischerei.
In England wurden archäologische Überreste von Hechten aus der Römerzeit gefunden. Die ältesten Aufzeichnungen über den Hecht sind aus dem 4. Jahrhundert von Deutschland überliefert. Mythen und Gedichte über den Hecht gab es bereits im Mittelalter.
In Deutschland wurden Hechte früher, sowohl im Frühjahr zur Laichzeit als auch im Winter unter Eis, mit Keulen erschlagen, mit Gabeln gestochen oder mit Schlingen gefangen.
Reusenartige Fanggeräte finden in ihrem Grundprinzip oft heute noch Anwendung. Jünger ist die Entwicklung des Angelhakens, dessen Grundform weltweit und über die Zeiten bestehen blieb, und nur vom Material her, von Stein und Knochen über Bronze zu Stahl, nach und nach von Besserem abgelöst wurde. In Polen wurden Angelköder (Löffel aus Bronze und Eisen) für Hechte aus dem 9. bis 13. Jahrhundert gefunden. Von Norddeutschland ist der Fang mit der „Hechtpuppe" bekannt. Dazu werden Binsen zu einem kräftigen Büschel zusammen gebunden und auf dieses 30-40 m Schnur aufgewickelt, an dessen Ende sich ein großer Angelhaken mit einem Köderfisch befindet. Die Puppen werden entweder in Eislöcher oder entlang des Schilfgürtels, meist über Nacht, ausgelegt. Beim Biss spult der Hecht die Schnur ab, kann aber die Puppe nicht unter Wasser ziehen.
Aus Zedernrinde, die aufgeweicht, getrocknet und gesponnen wurde, stellten die Indianer früher Netze her. Spätestens seit dem 14. bis 15. Jahrhundert ist der Fischfang mit Netzen in Europa bekannt. Später wurden die Netze aus Baumwolle gefertigt und mit Schwimmern aus Holz bzw. Kork versehen und zur Beschwerung Leinen aus Rosshaar mit Wickelblei verwendet. In den 1940-1950er Jahren wurden erstmals monofile Kunststofffasern (Polyamid) für die Netzerzeugung eingesetzt. Nylonnetze sind nur etwa halb so schwer wie die alten multifilen Baumwollnetze und wesentlich fängiger.
Der Fang von Hechten erfolgt heute neben der Angelfischerei, die sich im 20. Jahrhundert stark ausbreitete, vor allem mittels verschiedener Stell- und Zugnetze, sowie Reusen. Stellnetze sind meist 30-60 m lang und 1-6 m hoch (Maschenweite 60-90 mm). Zugnetze sind meist 100-300 m lang und 5-20 m hoch (Maschenweite 30-40 mm).

Selektion von Kiemennetzen (MW 68 mm) in England
in Abhängigkeit von der Fischlänge:
(Nach: Frost et Kipling in Raat, 1988)

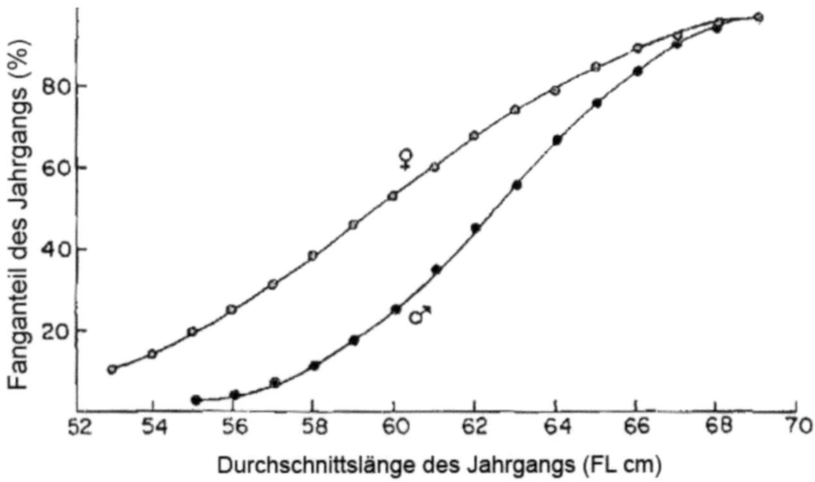

Hechtfanganteil am Fischgesamtfang in Polen
in Abhängigkeit vom Fanggerät:
(Nach: Leopold et al. in Raat, 1988)

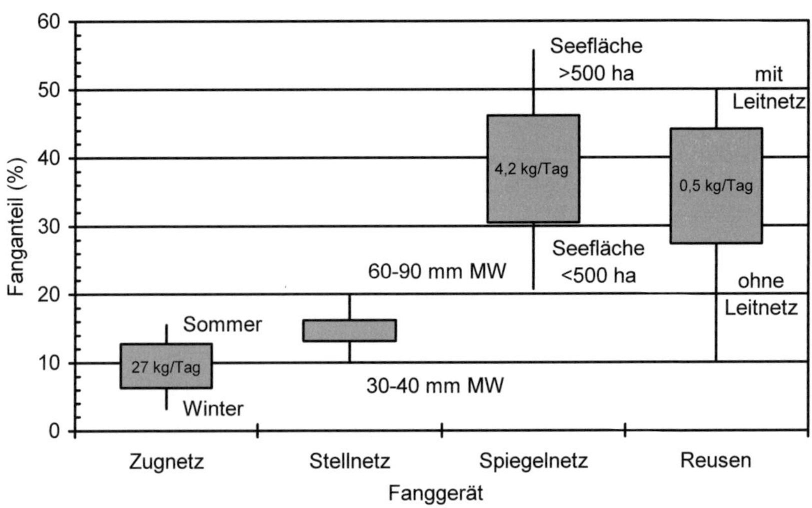

In einigen Ländern sind Hechte die wichtigste Fischart für die Fischerei. In Europa gilt dies vor allem für Finnland. Dort spielt der Hecht nach dem Hering die wichtigste Rolle und der Wert der gelandeten Hechte macht etwa 1/3 des gesamten Erlöses aus der Fischerei aus. Von 1974-1979 betrug der Gesamtfang an Hechten durchschnittlich 6.624 t/Jahr und die Anzahl der Fischer etwa 586.665 Personen/Jahr. Ein relativ konstanter Anteil von etwa 1.912 t/Jahr (ca. 29 %) des Gesamtfangs wird dort in der Ostsee von durchschnittlich 128.210 Personen (ca. 22 %) gefangen, wobei die Anzahl der Fischer eine steigende Tendenz aufweist. Der überwiegende Teil wird durch die Freizeitfischerei und nur ein geringerer Teil durch die Berufsfischerei gefangen. In der Binnenfischerei entfallen etwa 272 t auf die 3.819 Berufsfischer und 4.441 t auf die 464.397 Freizeitfischer. In der Küstenfischerei entfallen etwa 661 t auf die 4.845 Berufsfischer und 1.250 t auf die 118.365 Feizeitfischer. Dabei fing insgesamt jährlich jeder Freizeitfischer etwa 16 kg und jeder Berufsfischer etwa 108 kg. Rund 50 % der Hechte werden mit Kiemennetzen, 20 % mit Reusen, 10 % mit Legleinen, und der Rest mit anderen Angelmethoden gefangen. Der Fang erfolgt überwiegend (von Januar bis Juni) mit der Angel vor der Laichzeit, mit Reusen zur Laichzeit und mit Kiemennetzen vor und nach der Laichzeit.
In Kanada wurden im Jahre 1980 etwa 16.196 t Hechte gefangen, allerdings nur die Fange der Berufsfischer (4.300 t) gemeldet. So betrugen die Fänge etwa in Alberta 4.246 t (316 t Berufsfischer und 3.930 t Angelfischer), in Saskatchewan 3.460 t (770 t Berufsfischer und 2.690 t Angelfischer), in Manitoba 8.100 t (2.500 t Berufsfischer und 5.600 t Angelfischer), in Ontario 320 t (nur Berufsfischer), in British Columbia etwa 70 t und in anderen Regionen etwa 324 t. Dabei betrug das Durchschnittsgewicht der Hechte rund 1,4 kg.
In Schweden betrug der Fang in den vier größten Seen (Vänern, Vättern, Mälaren und Hjälaren) im Jahr 1976 rund 0,1-0,4 kg/ha, für kleinere Seen beträgt der Fang jährlich durchschnittlich etwa 1,0 kg/ha. In Dänemark und der Schweiz beträgt der jährliche Fang der Berufsfischer durchschnittlich etwa 0,8 (0,05 bis 3,50) kg/ha Seefläche.
In Nordamerika, Europa und der UdSSR entfallen etwa 1-3 % des gesamten Fischertrags aus dem Süßwasser auf den Hecht. Generell beträgt der Fangertrag jährlich meist unter 1 kg/ha und übersteigt selten 3-4 kg/ha bzw. 5 % des gesamten Fischertrags. Allerdings gibt es regional große Unterschiede, so entfallen in Schweden über 8 % und in Frankreich und Rumänien unter 1 % auf den Hecht. Für Raubfische wie den Hecht gilt ein möglicher jährlicher Fangertrag von 1/5 bis 1/3 des Bestandes als üblich.

Hechte werden meist in seichterem Wasser, oft nicht tiefer als 10 m gefangen. Der Fang ist im Frühjahr mit Reusen und im Sommer und Herbst mit Stellnetzen am effektivsten. Der Anteil an Hechten am Gesamtfang beträgt dabei etwa in Reusen 25-45 %, in Spiegelnetzen 20-40 %, in Stellnetzen 10-20 % und in Zugnetzen 5-15 %.

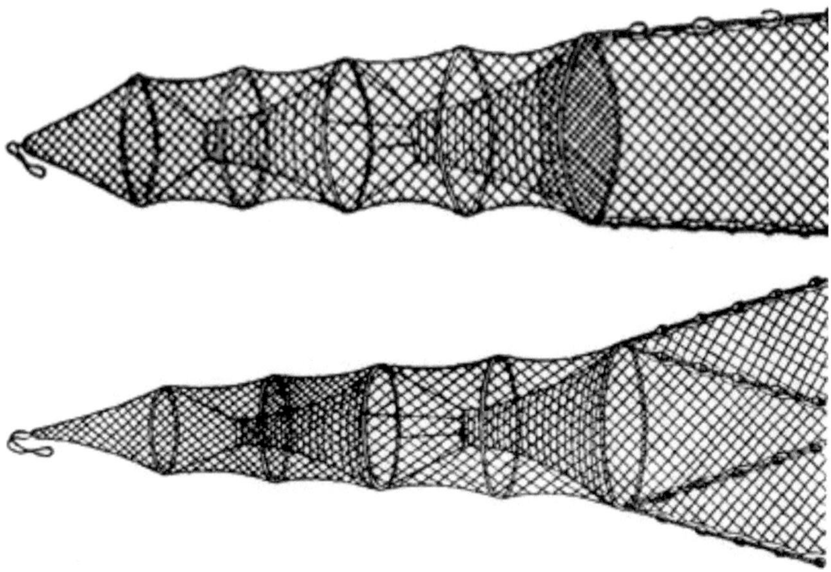

Netzreusen mit Leitnetz (oben) bzw. Flügel (unten).

Der jährliche Gesamtfang aus der Fischerei betrug weltweit durchschnittlich in den 1950er Jahren 31.310 t (24.610 t UdSSR, 3.080 t Kanada, 4.400 t Finnland, 870 t Polen, 530 t Schweden, 410 t Türkei), in den 1960er Jahren 34.509 t (23.140 t UdSSR, 3.740 t Kanada, 6.250 t Finnland, 780 t Polen, 700 t Deutschland, 522 t Schweden, 317 t Türkei), in den 1970er Jahren 26.850 t (15.554 t UdSSR, 3.495 t Kanada, 5.925 t Finnland, 505 t Polen, 504 t Schweden, 502 t Türkei, 479 t Deutschland), in den 1980er Jahren 36.811 t (13.047 t UdSSR/GUS, 3.735 t Kanada, 16.957 t Finnland, 689 t Türkei, 555 t Schweden, 439 t Deutschland, 348 t Polen, 227 t Rumänien), in den 1990er Jahren 28.107 t (7.444 t GUS, 2.670 t Kanada, 13.928 t Finnland, 1.777 t Irland, 424 t Schweden, 385 t Polen, 293 t Türkei, 162 t Ungarn, 152 t Tschechei, 135 t Estland), und in den 2000er Jahren 25.123 t (10.974 t GUS, 2.081 t Kanada, 10.064 t Finnland, 319 t Polen, 276 t Deutschland, 230 t Türkei, 208 t Ungarn, 191 t Schweden, 179 t Estland, 163 t Tschechei, 103 t Rumänien).

Weltweite Gesamtausbeute
aus Fischerei und Aquakultur:
(Nach: Shatz, 2000)

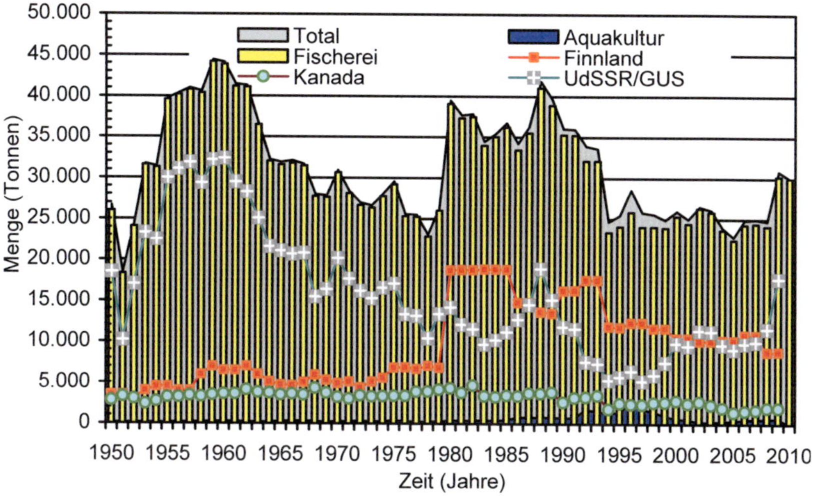

Anteil an der Gesamtausbeute
von jährlich ca. 29.500 t (Mittelwert der 1990er Jahre):
(Nach: Shatz, 2000)

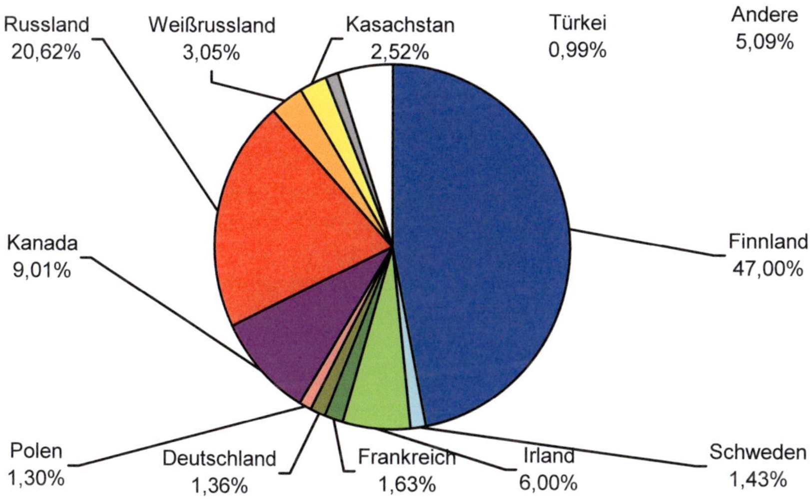

BEWIRTSCHAFTUNG:

In vielen Gewässern sind die Hechtbestände stark zurückgegangen. Gefährdet sind Hechte vor allem durch die Trockenlegung, Uferverbauung und Gewässerregulierung, wodurch die Laich- und Aufwuchsgebiete stark verringert wurden.
Viele Gewässer sind begradigt und kanalisiert worden, dadurch verändert sich das Abflussregime und es kommt nicht mehr zu Überflutungen. Verbauungen bewirken eine drastische Reduktion der strukturellen Vielfalt des Gewässers und bewirken damit eine deutliche Abnahme der Bestandsdichte und der Artendiversität.
Die Gewässerbelastung mit Schwermetallen und Bioziden, sowie die Eutrophierung durch Industrie, Landwirtschaft und Fremdenverkehr verschlechtert die Wasserqualität. Dadurch hat sich die Gewässergüte in vielen Gewässern verschlechtert, die Sichttiefe nimmt ab und die Bestände an höheren Wasserpflanzen gehen zurück.
In einigen Gewässern sind Hechte auch überfischt und teilweise in ihrem Bestand gefährdet.
Der Bestand an Hechten hängt stark vom Lebensraum und der Verfügbarkeit von Futterfischen ab und unterliegt meist jährlichen Schwankungen. Im Durchschnitt beträgt der Bestand etwa 2-10 Individuen bzw. 5-10 kg/ha. Der maximale Bestand kann bis über 100 Individuen bzw. 100-150 kg/ha pflanzenbewachsene Gewässerfläche reichen und hängt oft direkt vom Vorhandensein älterer bzw. größerer Hechte ab. Beträgt die mit Pflanzen bewachsene Gewässerfläche 5-10 % der Gesamtfläche, so kann ein Hechtbestand von 30-60 kg/ha erreicht werden.
In stark befischten Gewässern kann der Bestand an Hechten zu über 90 % aus einjährigen Fischen bestehen, während er in unbefischten Gewässern zu etwa 60 % aus einjährigen, 20 % aus zweijährigen, 10 % aus dreijährigen und 10 % aus älteren Fischen besteht. Der Bestand an über siebenjährigen Hechten macht aber auch in unbefischten Gewässern oft unter 1 % des Gesamtbestands aus.
Die Reproduktionsfähigkeit der Hechte ist oft größer als angenommen und kommt daher nicht als limitierender Faktor in Betracht. Vielmehr können die Einstandsflächen, Laich- und Aufwuchsgebiete und damit die Selbstregulierung durch Kannibalismus als bestandsbegrenzender Faktor angesehen werden. Werden viele kleine und kaum große Hechte gefangen (Durchschnittsgewicht unter 1 kg), so kann allerdings auch der Befischungsdruck oder ein Mangel an Futterfischen als begrenzender Faktor wirken.

Das Mindestmaß sollte so gewählt werden, dass die Hechte mindestens einmal ablaichen können und liegt meist zwischen 40 und 60 cm. Mit einem zu hohen Mindestmaß erreicht man nur, dass hauptsächlich Weibchen gefangen werden, was letztendlich den Bestand und Ertrag verringert, oder es besteht die Gefahr, dass sich bei zu geringem Nahrungsangebot zwar der Bestand erhöht, aber das Wachstum verringert.

Für die Schonung eignen sich daher eher Schutzgebiete, in denen die Dichte der Hechte oft um das vierfache höher als außerhalb dieser ist.

Auch eine Schonzeit kann sinnvoll sein, diese sollte vor und während der Laichzeit (Februar bis April) gelten.

Sind keine oder zu wenig geeignete Laichplätze vorhanden, können künstliche Laichstrukturen aus Zweigen von größeren Nadelbäumen, wie Fichten oder Tannen, ins Gewässer eingebracht werden. Schwanken die Wasserstände zur Laichzeit stark, so können auch 1-2 schwimmende Gestelle je Hektar als Laichplatz dienen, auf denen je zwei (2 x 4 m große) im 15 Grad Winkel dachartig angeordnete Flächen aus Kunststoffnetz mit einer Maschenweite von 20-40 mm, in 50-80 cm Wassertiefe eingebracht werden. Auf dem Netz werden dann Zweige von Nadelbäumen (*Picea sp.*) oder Laichbürsten aus Kunststoff befestigt. Die Anzahl der abgelegten Eier an solchem Laichsubstrat kann zwischen 300 und 1.200 St./m^2 und die Überlebensrate 70-90 % betragen.

Die Schaffung künstlicher oder die Verbesserung der vorhandenen Laichplätze ist meist erfolgreicher als ein Besatz mit juvenilen Fischen. Entscheidend bis zum Erreichen der Geschlechtsreife (bzw. eine Länge von ca. 40 cm) ist, dass genügend Wasserpflanzen für Deckung und Lebensraum zur Verfügung stehen.

Stehen keine geeigneten Laichplätze zur Verfügung, so kann die Besatzmenge 500-1.000 Stück Brütlinge, 100-500 Stück Vorgestreckte, 50-100 Stück Sömmerlinge oder 10-50 Stück einsömmerige Hechte je Hektar geeigneter Gewässerfläche bzw. je Kilometer Uferlinie betragen. In natürlichen Seen kann beim Besatz mit vorgestreckten Brütlingen mit einem Wiederfang von 2-5 % gerechnet werden.

Brütlinge und Vorgestreckte können gut vom langsam entlang des Ufers fahrenden Boot aus dem Transportbehälter über einen Schlauch ins Gewässer entlassen werden. Juvenile Hechte sollten möglichst einzeln oder in kleinen Gruppen vom Ufer aus gut verteilt werden (siehe Abb.).

Erfolgt der Besatz in der Nacht und nahe von Wasserpflanzen kann die Mortalität in den ersten Tagen weiter verringert werden.

In Gewässern mit geringem Bestand an adulten Fischen ist auch ein Besatz mit Laichhechten Erfolg versprechend. So kann mit dem Besatz von 1-3 Laichpaaren je Hektar ein Bestand von bis über 400 einsömmerigen Hechten/ha erreicht werden.
Fehlt in einem Gewässer der Lebensraum für die Jungfische, so kann eventuell auch ein Besatz von adulten Hechten (über 45-55 cm) erfolgreich sein. Ein solcher Besatz sollte im Spätherbst oder Frühjahr erfolgen. Größere Fische können aber, vor allem zur Laichzeit, auch abwandern.

Besatz vorgestreckter Hechte im Uferbereich. (Foto: M. Hochleithner)

ANGELN:

Die Methoden der Angelfischerei sind vielfältig. Der folgende Überblick über die einzelnen Befischungsmöglichkeiten erhebt keinen Anspruch auf Vollständigkeit. Dem Interessierten gibt er jedoch einen kleinen Einblick in die Angelfischerei auf Hechte.
Anders als mit natürlichen Ködern verringert sich die Fangbarkeit von Hechten, die bereits einmal mit künstlichen Ködern gefangen wurden schnell, und es dauert meist einige Zeit, bis sie wieder an diesen Köder gehen. Generell ist der Muskellunge etwa viermal so schwer mit der Angel zu fangen als der Nordische Hecht. Die Verluste zurückgesetzter Fische können vor allem in der warmen Jahreszeit steigen.

Ausrüstung
Als Ruten eignen sich am besten zum Spinnangeln eine robuste 2,1-3,2 m lange Wurfrute mit starkem Rückgrad und langem Griffteil, zum Schleppangeln eine steife 1,4-1,8 m lange Schlepprute, zum Fliegenfischen 2,7-4,0 m lange Ein- oder Zweihand-Fliegenruten, und zum Eisangeln eine sehr kurze 0,4-0,6 m lange Pimpelrute.
Als Rolle eignet sich am besten eine Stationärrolle mit großer Trommel und Bremse mit einer Übersetzung von 1:4, die 100 m Schnur der Stärke 0,3-0,4 mm mit geringer Dehnung fasst.
Als Schutz vor den Zähnen sollte ein 20-40 cm langes Stahlvorfach verwendet werden.
Als Haken werden am besten größere Drillinge oder Einzelhaken mit kurzer scharfer Spitze und nicht zu großem, oder gänzlich ohne Widerhaken verwendet.
Als künstliche Köder werden Blinker, Spinner, Wobbler, Streamer oder Twister u.v.m. in den verschiedensten Formen, Größen, Gewichten und Materialien verwendet. Bei klarem Wasser und Wetter eher dunkle Köder und bei trübem Wasser und Wetter eher helle Köder. Als natürliche Köder eignen sich vor allem schlanke, glänzende, möglichst frische Fische. Lebende Köderfische sind in einigen Ländern verboten.
Daneben gibt es natürlich zahlreiches Zubehör das zu einer ordnungsgemäßen Ausrüstung beim Hechtangeln gehört. Nicht fehlen sollten Geräte wie Kescher, Rachensperre, Zange, Messer, Ködernadel und eine entsprechende Bekleidung etc.

Spinnfischerei

Die Spinnfischerei ist die einfachste und eine weit verbreitete Art der Fischerei auf Hechte. Der Bügel der Stationärrolle wird einfach geöffnet und die Schnur wird zwischen Zeigefinger und Rutengriff eingeklemmt, kann aber auch frei über den Zeigefinger in Spulenhöhe laufen. Bei der Multirolle hingegen drückt der Daumen gegen die Trommel, wobei die Rücklaufsperre ausgeschaltet ist. Es wird ausgeholt und beim Vorwurf die Schnur freigegeben, sodass der Spinnköder dem Zielpunkt entgegen fliegt.

Beim Spinnfischen kommen meist eigenschwere Metall-, Gummi- und Hartplastikköder zum Einsatz. Mit Spinnködern werden alle beweglichen Wasserbewohner vom Fisch bis zur Maus, vom Krebs bis zum Neunauge imitiert. Auch tote Köderfische werden auf Systeme montiert. Manchmal wird noch zusätzlich Gewicht vorgeschaltet. Besonders wichtig ist bei dieser Art der Fischerei die Verwendung von Karabinern oder Wirbeln, damit Schnurverdrallungen verhindert werden. Der Köder wird nun durch mehr oder weniger schnelles Kurbeln an der Rolle durchs Wasser gezogen und bei Anbiss sofort ein Anhieb gesetzt.

Grundfischerei

Beim Grundfischen wird der natürliche Köder (Köderfisch) ohne oder mit Bleibeschwerung (Laufblei) nahe am Gewässergrund präsentiert. Der tote Köderfisch kann auch mit Styroporstücken, die durch das Maul in den Schlund gesteckt werden, zum Schweben gebracht werden. Die Rute wird nach dem Einwerfen meist auf einem Rutenständer gelegt.

Ein Bissanzeiger (Glöckchen, Styropor, Alufolie, u.v.m.) signalisiert dann den Biss. Nach dem Biss gibt man dem Fisch etwas Schnur, bis er gleichmäßig abzieht und schlägt, durch zügiges Anheben der Rute bei gespannter Schnur, an. Man sollte nach dem Biss nicht zu lange warten, da der Hecht sonst den Köder schluckt und nicht mehr ohne Schaden zurückgesetzt werden kann.

Schwimmerfischerei

Beim Schwimmerfischen wird der natürliche Köder durch die vorab eingestellte Tiefe (Fix-, Lauf- oder Segelschwimmer) in der gewünschten Wassertiefe platziert. Dabei empfiehlt es sich die Schnur einzufetten oder eine selbstschwimmende polyfile Schnur einzusetzen. Beißt der Fisch, so taucht der Schwimmer weg oder bewegt sich unnatürlich, worauf nach kurzer Zeit bei gespannter Schnur durch zügiges Anheben der Rute ein Anhieb gesetzt wird.

Schleppfischerei

Beim Schleppfischen werden ein oder mehrere Spinnköder 20-80 m hinter dem fahrenden Boot im See nachgezogen. Dazu werden oft stärkere Spinnruten verwendet, wobei dann meist nur obere Wasserschichten befischt werden können.
Wesentlich effektiver ist das Fischen mit dem "Seehund", einer speziellen Vorrichtung, die dazu dient, den Spinnköder mit Abstand seitlich hinter dem Boot zu führen. Durch Schnüre, die zwischen Boot und Hund an Dreiweg-Karabinern eingeklinkt werden, können somit bis zu zehn oder mehr Spinnköder gleichzeitig angeboten werden. Erfolgt ein Biss, so schnellt die "Kelle" des Hundes (Bissanzeigevorrichtung) nach oben und der Fisch, der sich durch das fahrende Boot selbst gehakt hat, wird von Hand gedrillt. Es braucht viel Geschick um bei der gleichzeitigen Verwendung mehrerer Leinen beim Drill keinen "Schnursalat" zu erzeugen. Deshalb wird beim Drill in der Regel auch der Motor nicht abgestellt, sondern das Boot fährt mit minimaler Geschwindigkeit weiter.
Zum Schleppfischen in tieferen Wasserschichten eignet sich besonders der Downrigger. Diese Art der Schleppfischerei wird auch in Europa immer mehr zum Fischen auf Hechte verwendet. Mit einer speziellen Winde wird ein 1-5 kg schweres Gewicht an einem Stahlseil auf die gewünschte Tiefe gebracht. Zwischen Boot und Gewicht sind in Abständen von mindestens 1,5 m Release Clips angebracht. Spezielle kurze Bootsruten werden verwendet und die Schnüre der Ruten werden in die Abrissclips eingeklemmt und etwa 20-40 m hinter dem Boot geschleppt. Beißt ein Fisch, so hakt er sich meist selbst und durch einen starken Anschlag, wird die Schnur aus dem Release Clip gerissen. Dadurch lässt sich der Fisch dann ganz gewöhnlich über die Rute drillen.

Fliegenfischerei

Viele Fischarten, von der Forelle bis zum Marlin, lassen sich mit der Fliegenrute fangen. Der markanteste Unterschied zu anderem Fischereigerät ist der, dass das Wurfgewicht nicht in Form eines Bleis oder Spinnköders vorhanden ist, sondern die Fliegenschnur das zu werfende Gewicht darstellt. Die Fliegenschnüre haben je nach Art der Fischerei verschiedene Formen (parallel, doppelt verjüngt sowie keulenförmig), Längen (meist 25-33 m) und Eigenschaften (schwimmend, schwebend, sinkend, und mit sinkender Spitze).
Bei der Einhandrute (für Hecht mit 2,7-3,0 m Länge) wird durch elliptische oder achterförmige Bewegung der Rutenhand (je nach Stil) und Unterstützung durch Züge der Schnurhand die Schnur in Bewegung gesetzt. So können auch große Weiten erzielt werden.

Bei der Zweihandrute wird die Rute mit beiden Händen gehalten. Das Werfen mit der Zweihandrute ist aufgrund ihrer Länge wesentlich einfacher als mit der Einhandrute und erspart unnötige Wurfarbeit.
Sinkende Leinen werden am Ende des Einholens durch einen Rollwurf in die obere Wasserschicht geholt und dann durch einen kräftigen, stetig beschleunigenden Rückwurf aus dem Wasser gezogen. Beim Fischen mit Hechtstreamern kommen wegen deren Größe meist keine Rollwürfe zum Einsatz, wie sie sonst beim Fliegenfischen üblich sind.
Als Köder für Hechte kommen größere Streamer oder Tubenfliegen zum Einsatz, die sich in Kombination mit der richtigen Schnur, je nach Wassertiefe, geradezu optimal führen lassen. Im Flachwasser kommen auch schwimmende Streamer und so genannte Popper zum Einsatz.
Vor allem im Frühjahr vor und nach der Laichzeit ist in solchen Bereichen das Streamerfischen meist die erfolgreichste Methode, sofern man an den Fisch kommt und die Uferbepflanzung ein Werfen mit der Fliege nicht verhindert. Aus diesem Grund wird für das Hechtfischen mit der Fliege auch meist ein Belly Boot verwendet.
Das Vorfach beim Hechtfischen mit der Fliege ist meist ca. 2 m lang und hat am Ende ebenfalls ein ca. 30 cm langes Stück eines sehr weichen Stahlvorfachs mit einem speziellen Karabiner. Fliegenfischer verwenden beim Hechtfischen meist widerhakenlose Fliegen, damit Fische möglichst schonend zurückgesetzt werden können. Sobald der Hecht den Streamer attackiert, wird unverzüglich der Anhieb gesetzt.

VERARBEITUNG:

Bei der Verarbeitung von Fischen sind nur Trinkwasser sowie leicht zu reinigende Materialien (wie Edelstahl, Kunststoff usw.) zu verwenden.
Die aktuellen Vorschriften wie: Tierschutz-, Marktordnungs-, Lebensmittel-, Bedarfsgegenständegesetz sowie Zusatzstoff-, Höchstmengen-, Kennzeichnungsverordnung und Hygienebestimmungen etc. sind zu beachten.
Zum Ausnüchtern werden die Fische bis zu 10 Tage gehältert, dazu werden abgedeckte Hälterbecken verschiedener Form und Größe verwendet. Die Wassertemperatur sollte dabei unter 10 °C betragen und der Sauerstoffgehalt im Ablaufwasser über 4 mg/l. In der Regel sollte der Wasserwechsel 5 mal pro Tag erfolgen. Die Besatzdichte kann dabei bis zu 100 kg/m^3 betragen.
Zum Töten werden die Fische betäubt, was bei wenigen Fischen mit einem (30-50 cm langen) Holzstiel, durch einen kräftigen Schlag auf den Kopf hinter die Augen, geschieht. Bei größeren Mengen wird oft mit Gleichstrom (1-3 V/cm für 1 Minute) betäubt. Da dabei jedoch Qualitätseinbußen (Blutungen in der Muskulatur im Bereich der Wirbelsäule) auftreten können, ist das Betäuben mit CO_2 bei einer Konzentration von 2,5 g/l möglich, was aber lange dauert. Bei der Verwendung von Pflanzenöl (Eugenol) als Betäubungsmittel, kann der Eintritt der Leichenstarre etwa um 12 Stunden verzögert werden, allerdings kann dabei auch eine leichte Geschmacksbeeinträchtigung eintreten. Um die Frische zu gewährleisten, kommen die geschlachteten Fische am besten gleich in einen mit Eiswasser gefüllten Behälter und kühlen so schnell auf ca. 0° C herunter.
Zum Schuppen wird bei wenigen Fischen mit einem schräggestellten Messer gegen die Schuppen gestrichen, sodass sich diese von der Haut lösen. Für größere Mengen verwendet man auch Schuppgeräte, die die Schuppen mit einem rotierenden wellenförmigen Aufsatz herunterschaben (siehe Abb.).
Zum Ausnehmen wird zunächst die Bauchseite mit einem kleinen, speziell geformten hakenförmigen Messer vom After zum Kopf hin aufgeschnitten. Dann werden die Eingeweide, ohne diese zu verletzten, entfernt. Anschließend wird mit einem Teelöffel die Niere herausgekratzt und der Fisch gründlich gewaschen.

Schuppgerät. (Foto: J. Akrenius)

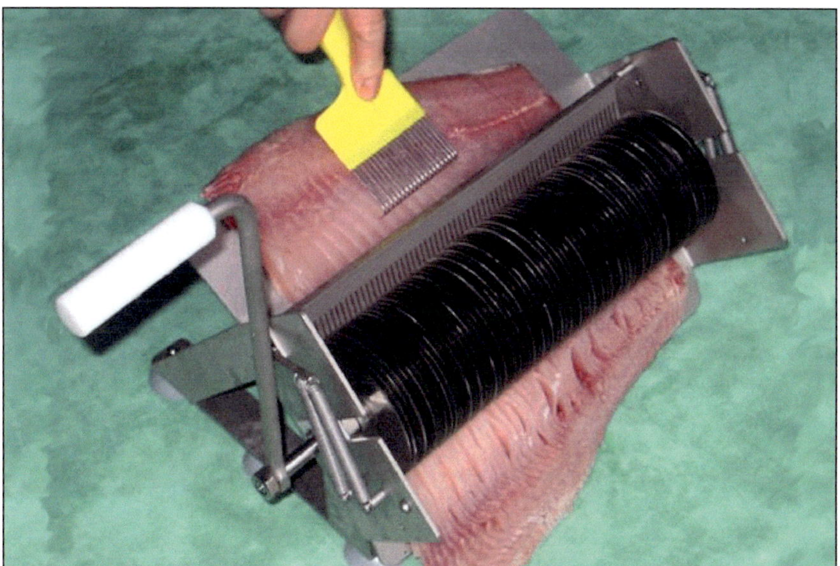

Grätenschneider. (Foto: H. Klein)

Zum Filetieren wird ein langes dünnes Messer, von innen direkt über der Wirbelsäule hinter dem Kopf mit einem Schnitt Richtung Schwanzflosse gezogen und die Seitenhälfte vom Kopf geschnitten. Anschließend wird die andere Seite hinter dem Kiemendeckel und Brustflossen bis zur Wirbelsäule eingeschnitten und auch diese Seitenhälfte mit einem Schnitt Richtung Schwanzflosse von der Wirbelsäule getrennt. Die so erhaltenen Seitenhälften werden noch von Bauchgräten sowie Rücken- und Afterflosse getrennt, zugeschnitten und gesäubert.
Um das Austrocknen zu verhindern und die Haltbarkeit zu verlängern, können die Fische oder Filets auch vakuumverpackt und/oder gefrostet werden. Um die erforderliche Kerntemperatur (-10 °C) beim Einfrieren schnell zu erreichen und damit die Bildung von großen Eiskristallen im Fleisch verhindert wird, sollten die Fische rasch, möglichst einzeln (glasiert oder vakuumverpackt), gefrostet werden. Die Gefriergeschwindigkeit sollte 1-2 cm je Stunde betragen.
Zum Glasieren wird der frisch gefrostete Fisch ein bis zweimal kurz in sehr kaltes Wasser getaucht und erhält so eine schützende Eishülle. Da auch im gefrosteten Zustand die Eiweißdenaturierung und Fettoxydation, wenn auch wesentlich verringert, weitergeht, sollten Fische bei -18 °C generell nicht länger als 2-3 Monate gelagert werden. Das Auftauen gefrosteter Fische sollte schnell, möglichst im Kühlschrank oder in fließendem Wasser erfolgen.
Egal ob Hechte im Ganzen oder filetiert zubereitet werden, eignen sie sich zum Kochen und Dünsten ebenso wie zum Braten und Grillen. Das weiße Fleisch hat einen Gehalt von etwa 16-20 % Eiweiß und 1-3 % Fett, sowie einen Nährwert von 3-5 MJ/kg.
Das wohlschmeckende Fleisch ist aber relativ grätenreich. Das Filet kann aber auch alle 3-4 mm bis zur Haut eingeschnitten (geschröpft) werden, so dass man die zahlreichen Gabelgräten (Y-Gräten) nicht mehr spürt und bedenkenlos mit verspeisen kann. Für größere Mengen werden auch manuelle oder elektrische Grätenschneider eingesetzt (siehe Abb.).
In Russland und anderen nordeuropäischen Ländern wird auch der Rogen der Hechte zu Kaviar verarbeitet oder die Gonaden eingesalzen. Die gelborangen Eier haben einen Gehalt von etwa 64-67 % Wasser, 14-27 % Eiweiß und 1,5-2,4 % Fett.
In Deutschland wurden früher auch Teile des Hechtes zu Heilzwecken verwendet. So zum Beispiel: Otolithen zur Lebensverlängerung, Blut zur Warzenbekämpfung, Leber gegen Besessenheit, Herz oder Galle gegen Fieber, Herz und Leber gegen Impotenz, Schmalz gegen Milben und Schlaflosigkeit, sowie die Asche der verbrannten Kieferknochen gegen Nierensteine, Feigwarzen, Geschwüre und zur Blutstillung.

ANHANG

Rezepte
für jeweils 4 Personen

KALTE VORSPEISEN:

Hecht in Kräutergelee

Zutaten	Zubereitung
0,4 kg Hechtfilet 0,4 kg Gemüse (Karotte, Erbsen, Sellerie) 1/4 l Fischfond 1/4 l Weißwein 10 Blatt Gelatine 1 Bund Kräuter (Dille, Petersilie, Kerbel) 1 Zitrone Salz und Pfeffer	Fischfond und trockenen Weißwein mit dem Saft von einer halben Zitrone zum Kochen bringen und das geschnittene Gemüse darin bissfest kochen. Anschließend das Fischfilet im Fond ca. 5 Minuten leicht köcheln lassen. Die eingeweichte Gelatine im Fond auflösen, dann mit Salz und Pfeffer und eventuell noch etwas Zitronensaft würzen und die feingehackten Kräuter einmischen. In einer Kastenform einen Aspikspiegel gießen und wenn dieser fest ist abwechselnd Gemüse und Filet einschichten und abschließend mit Kräuterfond bedecken und kalt stellen. Kaltes Hechtgelee in Scheiben schneiden, mit Salatgarnitur und Zitronensauce servieren.

Hechtmousse an Spargelsalat

Zutaten	Zubereitung
0,4 kg Hechtfilet 0,4 kg Spargel (weiß und grün) 1/8 l Fischfond 1/8 l Weißwein 1/8 l Sahne 4 Blatt Gelatine 1 Zitrone 4 cl Wermut Essig und Öl Salz und Pfeffer	Fischfond und trockenen Weißwein etwas einkochen lassen, Fischstücke darin kurz köcheln lassen, mit Salz und Pfeffer sowie Zitronensaft und Wermut würzen und die eingeweichte Gelatine darin auflösen und anschließend pürieren. Kalt stellen und vor dem fest werden die geschlagene Sahne unterheben. Die Masse in vier kleine Förmchen verteilen und zum fest werden lassen kalt stellen. Zum Stürzen kurz in heißes Wasser tauchen und den Rand mit einem Messer lösen. Den geschälten, gekochten und mit Essig und Öl sowie Salz und Pfeffer marinierten Spargel mit dem Mousse anrichten und mit Toast und Butter servieren.

SUPPEN:

Hechtcremesuppe mit Safran

Zutaten	Zubereitung
1/2 l Fischfond 1/4 l Sahne 1/8 l Weißwein 0,2 kg Hechtfilet 2 Schalotten 1 Knoblauchzehe 4 Safranfäden 1 EL Butter Salz und Pfeffer Schnittlauch	Feingehackte Schalotten und Knoblauch in Butter andünsten, mit trockenem Weißwein ablöschen und ca. 5 Minuten köcheln lassen. Mit Fischfond aufgießen und die Fischstücke und den Safran darin ca. 3 Minuten köcheln. Anschließend die Fischstücke in Schalen verteilen. Die Suppe mit Sahne aufkochen, mit Salz und Pfeffer würzen und kurz aufmixen. Über die Fischstücke gießen und mit Schnittlauch garniert servieren.

WARME VORSPEISEN:

Hechtsouffle

Zutaten	Zubereitung
0,4 kg Hechtfleisch 1/8 l Sahne 2 Eiweiß 1 EL Butter Salz und Pfeffer 0,2 kg Tomaten 2 EL Balsamessig 2 EL Olivenöl Basilikum	Das Fleisch mit der Sahne sowie Salz und Pfeffer pürieren und das geschlagene Eiweiß unter die Masse heben. In 4 ausgebutterte feuerfeste Förmchen füllen und bei 200 Grad C im Backofen im Wasserbad ca. 15 Minuten garen. Die geschälten und kleinwürfelig geschnittenen Tomaten mit Essig und Öl sowie Salz und Pfeffer würzen und kurz erwärmen. Das Souffle mit den Tomaten anrichten, mit Basilikum garnieren und sofort servieren.

Hechtnockerl in Dillsauce

Zutaten	Zubereitung
0,4 kg Hechtfleisch 1/8 l Sahne 1/2 l Fischfond 1/2 l Weißwein 1/8 l Crème fraiche 1/2 Zitrone 1/2 Zwiebel 1 Eiweiß 1 Bund Dille Salz und Pfeffer Muskatnuss	Das Fleisch mit Eiweiß, Salz und Pfeffer sowie etwas geriebener Muskatnuss auf Eis fein mixen und nach und nach die Sahne dazugeben, anschließend kalt stellen. Die feingeschnittene Zwiebel und Zitronenzesten mit dem Fischfond und trockenem Weißwein kurz aufkochen, darin die geformten Nockerl ca. 10 Minuten leicht köcheln lassen. Den Fond nun auf etwa ¼ reduzieren, mit Crème fraiche aufmixen und etwas Zitronensaft sowie gehackte Dille einrühren. Die Nockerl auf einen Saucenspiegel anrichten und mit etwas Dille garnieren.

HAUPTSPEISEN:

Hechtschnitte auf Sauerampfersauce

Zutaten	Zubereitung
0,8 kg Hechtfilet mit Haut 0,1 kg Mascarpone 0,1 kg Butter 1/8 l Weißwein 1/8 l Fischfond 4 EL Olivenöl 2 EL Weizenmehl 1 EL Butter 1 Schalotte 1 Knoblauchzehe 1 Zitrone 1 Bund Sauerampfer Salz und Pfeffer	Für die Sauce die feingehackte Schalotte und Knoblauchzehe in Butter andünsten, mit Wein und Fond aufgießen und mit Mascarpone und den geschnittenen Sauerampfer kurz köcheln lassen. Das Filet auf vier Schnitten teilen und mit Salz, Pfeffer und Zitronensaft würzen. Anschließend die Filetstücke mit der Hautseite in Mehl tauchen und in Öl knusprig braten, anschließend wenden und nur mehr ziehen lassen. Zum Anrichten die Sauce kurz aufmixen und mit dem Filet anrichten. Eventuell mit Reis oder Kartoffeln servieren.

Hecht in Kapernsauce

Zutaten	Zubereitung
1 kg Hecht (im Ganzen) 1/4 l Weißwein 1/8 l Crème fraiche 2 EL Butter 1 Zitrone 1 Zwiebel 1 Knoblauchzehe 1 Sardellenfilet 1 Glas Kapern Salz und Pfeffer	Den gewaschenen Hecht mit Salz und Pfeffer sowie Zitronensaft würzen, mit zerlassener Butter begießen und im Backofen bei 200 Grad C ca. 30 Minuten braten. Dabei den feingehackten Zwiebel und Knoblauch mitbraten und mit trockenem Weißwein aufgießen. Den Fisch auf einer Platte warm stellen. Den Bratenfond mit Sardellenfilet mixen, die Crème fraiche und die Kapern einrühren und rund um den Fisch gießen. Eventuell mit Kartoffel und Salat servieren.

Gespickter Hecht mit Paprikagemüse

Zutaten	Zubereitung
1 kg Hecht (im Ganzen) 0,1 kg Speck 1 EL Butter 1 Zitrone Salz und Pfeffer 4 Paprika (rot und gelb) 4 Knoblauchzehen 2 Zwiebel 3 EL Olivenöl 1/8 l Fond (Gemüse oder Fisch)	Zwiebel und Knoblauch blättrig schneiden und in Öl goldgelb anbraten, die geschnittenen Paprika mitbraten, mit Fond aufgießen und zugedeckt weich dünsten. Den gewaschenen Hecht mit Speck spicken, mit Salz und Pfeffer sowie Zitronensaft würzen, mit zerlassener Butter übergießen und im Backofen bei 200 Grad C ca. 30 Minuten braten. Mit dem Paprikagemüse und Kartoffel servieren.

Wasserpflanzen

Wasserpflanzen (Hydrophyten) sind keine Pflanzengruppe, deren Vertreter miteinander im Sinne der Systematik verwandt sind, sondern teilen nur den gemeinsamen Lebensraum und einige Anpassungsmerkmale. Die einzelnen Arten gehören also verschiedenen Pflanzenfamilien an.
Wasserpflanzen können sowohl Vorteile (Nahrung, Laichsubstrat, Deckung, Dammschutz) als auch Nachteile (Krankheitserreger, Nährstoffentzug, Beschattung, Verlandung) haben. Für Hechte sind Wasserpflanzen jedoch fast unentbehrlich. Die häufigsten Wasserpflanzen an den Laichplätzen der Hechtfische sind nachfolgender Tabelle zu entnehmen.
Innerhalb der Wasserpflanzen können verschieden Lebensformen unterschieden werden, die sich in folgende biologische Gruppen einteilen lassen.

MAKROPHYTEN:

Überwasserpflanzen

Deren Wurzeln sind im Gewässerboden verankert, während die meist länglichen Blätter und Blüten über die Wasseroberfläche reichen. Die Nährstoffe werden aus dem Boden und das Kohlendioxid aus der Luft aufgenommen. Sie sind nur im Ufer- und Flachwasserbereich bis in eine Wassertiefe von etwa 2 m anzutreffen.

Schwimmblattpflanzen

Ihre lederartigen, meist gerundeten Schwimmblätter liegen auf der Wasseroberfläche und besitzen auf der Blattoberfläche eine wasserabweisende Wachsschicht. Die Nährstoffe werden aus dem Boden oder Wasser aufgenommen und das Kohlendioxid aus der Luft. Sie sind meist an der Schar bis in eine Wassertiefe von etwa 5 m anzutreffen.

Unterwasserpflanzen

Deren vegetative Organe reichen nicht bis über die Wasseroberfläche. Die Wurzeln, soweit vorhanden, dienen nur zur Verankerung im Boden. Die Blätter sind meist feinfiedrig zerschlitzt oder bandförmig. Die blütentragenden Abschnitte können sich sowohl unter Wasser als auch über Wasser befinden. Nährstoffe und Kohlendioxid werden über die gesamte Pflanzenoberfläche aus dem Wasser aufgenommen. Sie sind oft an der Halde bis in eine Wassertiefe von 10 m anzutreffen.

MIKROPHYTEN:

Algen

Dies sind ein- oder mehrzellige Pflanzen, die frei im Wasser schweben (Schwebealgen), oder sich mit Hilfe von charakteristischen Fußbildungen, wie Gallertstielen oder -polstern, am Substrat festhalten und so einen rasenartigen Überzug bilden können (Aufwuchsalgen). Sie dienen Fischnährtieren (Weich- und Krebstieren sowie Insektenlarven) als Nahrung und produzieren tagsüber Sauerstoff.

Bakterien

Bakterien finden sich, wie Pilze, in fast jedem Gewässer. Sie leben sowohl frei im Wasser als auch auf festen Substraten und spielen eine wichtige Rolle für die biologische Reinigung des Wassers, indem sie organisches Material in anorganische Nährstoffe umwandeln und für andere Lebewesen verfügbar machen.

Pilze

Pilze ernähren sich grundsätzlich heterotroph. Zumeist leben Pilze von totem organischem Material, es gibt aber auch Arten, die auf lebenden Organismen wachsen. Pilze können daher – ähnlich wie Bakterien – Krankheitserreger darstellen.

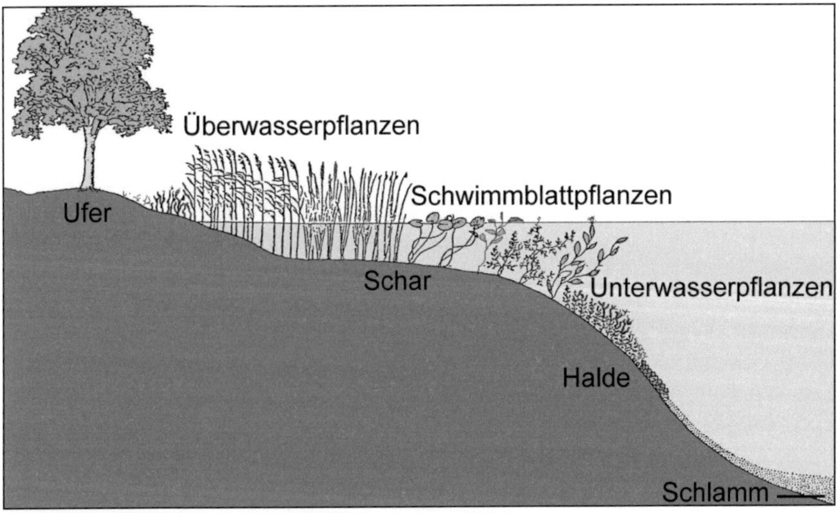

Profil eines breitscharigen, nährstoffreichen Sees.

Die häufigsten Pflanzen an den Laichplätzen der Hechtfische:
(Nach: Craig et al., 1996)

Pflanze	Typ	Gebiet
*Agrostis sp.**	E	See
*Alisma sp.**	S	Sumpf
*Andropogon sp.**	E	See
*Apium sp.**	S	See
*Bouteloua sp.**	S	See
Calamagrostris sp.	E	See
*Carex sp.**	E	See, Sumpf
*Ceratophyllum sp.**	S	See
Chamaedaphne sp.	S	Sumpf
*Chara sp.**	A	See, Sumpf
*Eleocharis sp.**	E	See
*Elodea sp.**	S	See
Equisetum sp.	E	See
*Eragrostis sp.**	E	See
*Fontinalis sp.**	S	See
Fucus sp.	A	Ästuar
Glyceria sp.	E	Teich
*Hippuris sp.**	S	See
*Juncus sp.**	E	See
Lemna sp.	S	Sumpf
*Littorella sp.**	S	See
*Mentha sp.**	S	See
*Myriophyllum sp.**	S	See
*Najas sp.**	S	See
*Nitella sp.**	A	See
Nuphar sp.	S	See
Nymphaea sp.	S	See
Phalaris sp.	E	See, Sumpf, Teich
*Phragmites sp.**	E	See, Fluss
Polygonum sp.	E	See
*Potamogeton sp.**	S	See, Sumpf
Rumex sp.	E	Teich
Sagittaria sp.	E	See
Scirpus sp.	E	See
Sparganium sp.	E	Fluss
*Spartina sp.**	E	Sumpf
*Stipa sp.**	E	See
Typha sp.	E	See, Sumpf, Fluss
*Utricularia sp.**	S	See
*Vallisneria sp.**	S	See
Zizania sp.	E	See

Abkürzungen:
* = Laichsubstrat (tatsächlich), E = Emerged (Überwasserpflanzen), S = Submerged (Unterwasserpflanzen), A = Algen (Aufwuchsalgen);

Entwicklung

Bei einer mittleren Wassertemperatur von 14 °C (bei 8 °C würde es etwa doppelt so lange dauern), erfolgt die Entwicklung des Hechtes wie folgt:

Eientwicklung:
Nach der Befruchtung beginnt sich das Ei durch eine innere Querwand in zwei Zellen zu teilen. Jede dieser Zellen teilt sich nach etwa 4 Stunden wiederum, bis schließlich ein größerer Zellhaufen, die Keimscheibe, gebildet ist. Im Ei kommt es einerseits zu einer kreisförmigen Versetzung der Keimscheibe auf der Dotterkugel (binnen 2-3 Min.) und zum anderen zur Drehung der Dotterkugel mit Keimscheibe um die eigene Achse (binnen 30 Min.). Die Keimscheibe orientiert sich dabei stets zum Licht. Nun erfolgt kontinuierlich der eigentliche Aufbau des Embryos. Nach etwa 2 Tagen ist die primitive Gehirnplatte sichtbar und es entstehen erste Muskelsegmente. Nach 3-4 Tagen hat die Organbildung begonnen. Die primitiven Anlagen der Gehirnteile und Augen sind sichtbar und den ersten Muskelsegmenten schließt sich der Schwanz an. Der Embryo liegt flach ausgebreitet über dem Dotter und umspannt erst etwa die Hälfte des Dotters. In der Weiterentwicklung sind die Augenbecher sichtbar und die Gehirnabschnitte schon besser zu unterscheiden. Im Vorderdarmbereich setzt die Anlage der Kiemen ein und die Seitenlinie ist in ihrer Form bereits feststellbar. Die Muskelsegmente werden zahlreicher und größer und das Rückenmark wird ausgebildet. Nach etwa 5 Tagen beginnen die Ohrblasen und Riechgruben sichtbar zu werden und die Augenlinse ist entwickelt. Die Anlagen der Brustflossen sind bereits vorhanden. Der Embryo umspannt jetzt etwa zwei Drittel des Dotters. Nach etwa 6 Tagen wächst die Schwanzanlage und dann der Kopf über den Dottersack hinaus und an den Augen, der Oberfläche des Kopfes und des Dottersacks ist eine erste Pigmentierung festzustellen. Vor den Augen entwickeln sich die Klebedrüsen und im stark verbreiterten unteren Flossensaum werden der Enddarm und die Harnröhre sichtbar. Die Leber, Bauchspeicheldrüse und Niere ist bereits knospenartig angelegt, etwas später wird auch die Schwimmblase angelegt. Der Embryo umspannt nun etwa vier Fünftel des Dotters. Nach 8-9 Tagen wird die Eihaut durch Enzyme (Chorionase) welche durch spezielle Drüsenzellen ausgeschieden werden, aufgeschlossen und brüchig und der Brütling schlüpft unter langen zittrigen und kurzen schnellen Bewegungen aus der aufreißenden Eihaut. Etwa 1.200 solcher runder bis ovaler Drüsenzellen mit einem Durchmesser von 10-15 µm befinden sich verteilt an der Körperoberfläche.

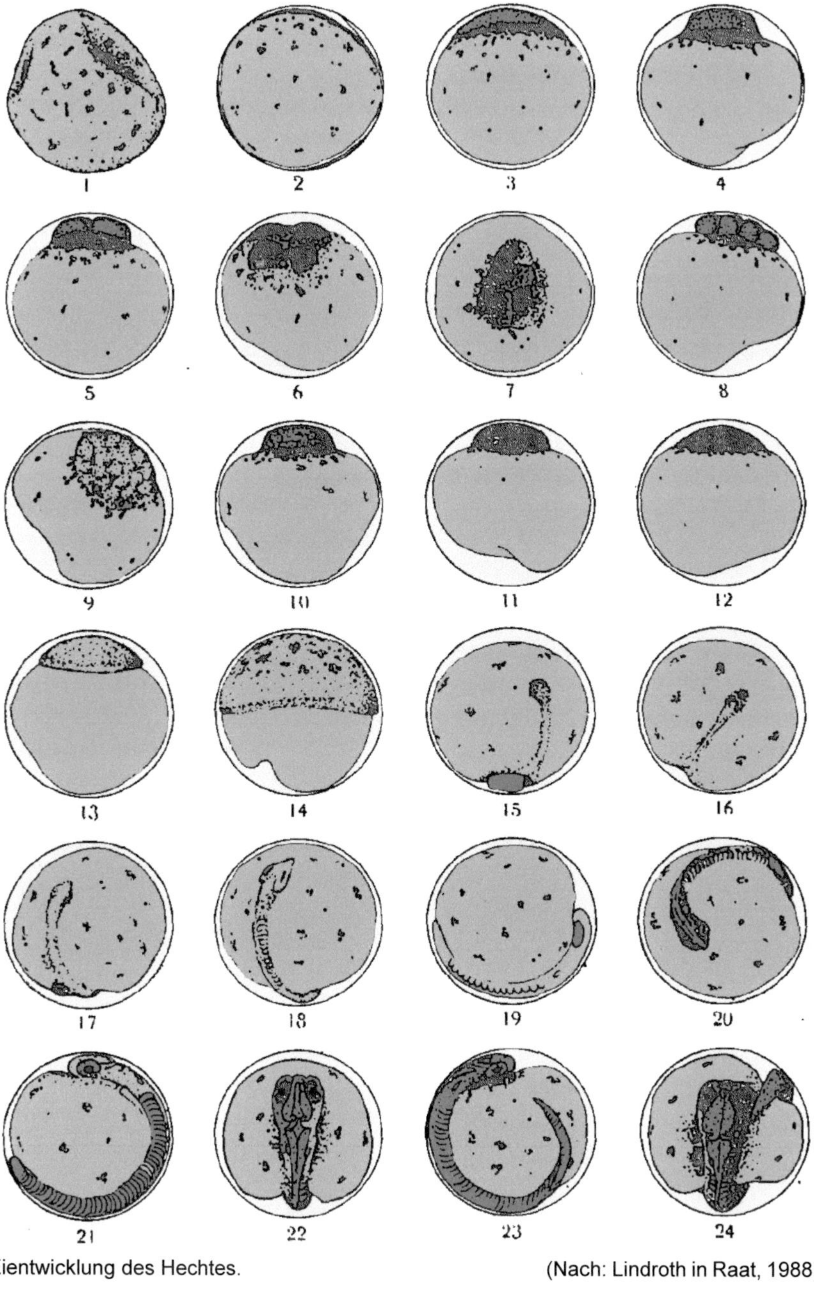

Eientwicklung des Hechtes. (Nach: Lindroth in Raat, 1988)

Larvenentwicklung:

Die frisch geschlüpften dunkelbraunen Larven haben anfangs einen großen gelbbraunen Dottersack und einen abgerundeten nach unten gebogenen Kopf, sowie einen Flossensaum. 1-3 Stunden nach dem Schlupf schwimmen sie nach oben und heften sich mit der Klebedrüse am Kopf in vertikaler Position an Substrat fest. Die Klebedrüse, die vor allem für den Nordischen Hecht wichtig ist und weniger für die restlichen Arten, besteht aus erweiterten Schichten der Oberhaut mit großen Schleimzellen. Die Larven bleiben während des etwa 1 Woche dauernden Anheftstadiums aber oft nicht an einem Platz kleben, sondern wechseln diesen gelegentlich. Nun bilden sich Darm, Galle und Leber zur vollen Funktionstüchtigkeit aus. 3-4 Tage nach dem Schlupf beginnen sich die Kiemenblättchen zu differenzieren, Kiemen- und Maulspalte öffnen sich und die ersten Atembewegungen setzen ein, womit die Dottersackatmung langsam durch die Kiemenatmung ersetzt wird. Auch die Netzhaut bildet sich langsam aus. Die Anlage und Ausbildung des Skeletts erfolgt und erste Zahnanlagen treten auf. Im ehemals einheitlichen Flossensaum beginnt sich der Ansatz der Rücken-, After- und Schwanzflosse abzuzeichnen. Am Ende des Anheftstadiums bricht auch der After nach außen durch. Die Brütlinge füllen nun die Schwimmblase mit atmosphärischer Luft. Dazu schwimmen sie zur Wasseroberfläche, schnappen Luft und versuchen diese unter Kaubewegungen in die Schwimmblase zu pressen. Anschließend sind sie horizontal frei im Wasser schwimmfähig und es beginnt die aktive Nahrungsaufnahme.
Zur Nahrungsaufnahme stehen die Brütlinge anfangs ruhig in der Nähe der Wasseroberfläche und lauern auf vorbeikommendes Krebsplankton, das sie gezielt anvisieren und auf das sie sich durch S-förmiges Krümmen des Körpers stürzen. Nun beginnen sich vor allem Schnauze und Kiefer weiter auszubilden und zu verlängern. 9-13 Tage nach dem Schlupf sind auch die paarigen Bauchflossen in Anlagen vorhanden, die unpaaren Flossen jedoch erst nach 18-22 Tagen abgegliedert. Die Beschuppung beginnt mit einer Körperlänge von 3 cm und dauert bis der Jungfisch etwa 7 cm lang ist. Zuerst entwickelt sich die Schuppen entlang der Seitenlinie und später am ganzen Körper.

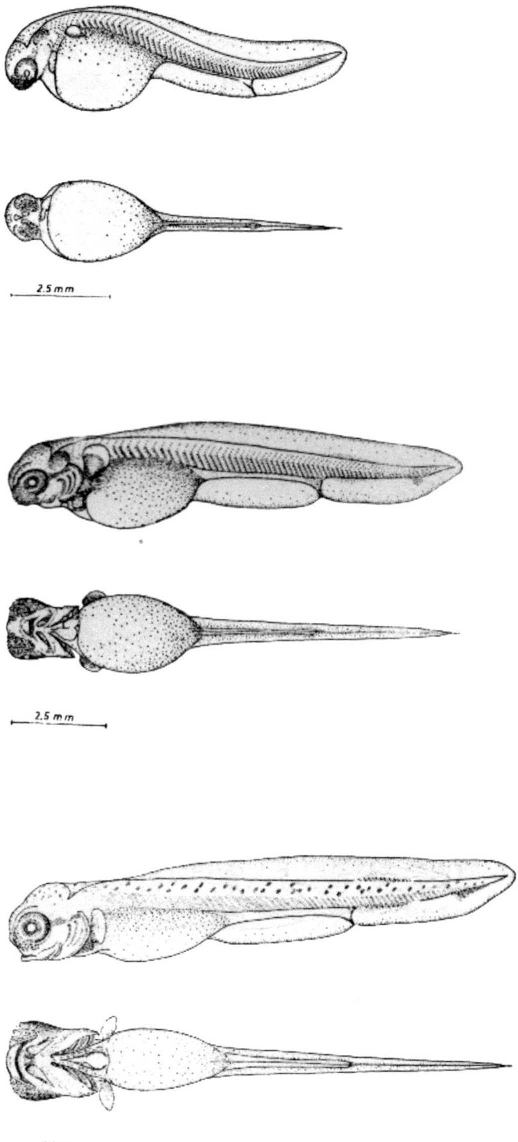

Entwicklung des Hechtes vor dem freischwimmenden Stadium. (Nach: Gihr, 1958)

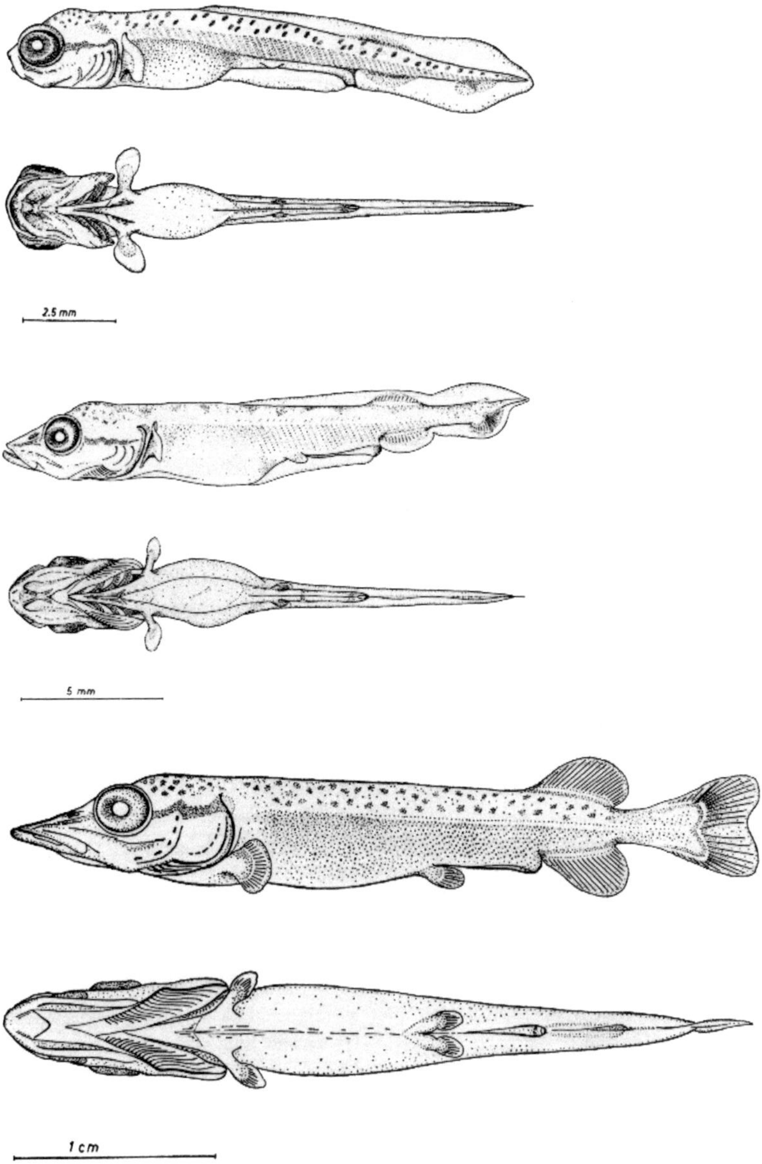

Entwicklung des Hechtes nach dem freischwimmenden Stadium. (Nach: Gihr, 1958)

Parasiten

Wie viele Wirbeltiere werden auch die Hechte von zahlreichen Parasiten befallen. Meist ist das Wirt - Parasit Verhältnis jedoch ausgeglichen, und die Parasiten beeinträchtigen den Wirtsfisch nicht zu sehr. Unter ungünstigen Umweltbedingungen und Massenbefall können jedoch auch Schädigungen oder Verluste auftreten.
Einige Parasiten sind sehr wirtspezifisch und oft nur an Hechtfischen festzustellen, unter anderem die folgenden Wurmkrankheiten (Helminthosen):

Tetraonchus monenteron und *T. loftusi*, zählen zu den Hakenwürmern und zu den häufigsten Parasiten der Hechte. Sie besitzen 2 Paar kräftige Haken am Hinterende und sind mit einer Länge von ca. 1,2 mm mit freiem Auge erkennbar. Der Parasit saugt an den Kiemen des Wirtsfisches und stülpt dabei den Pharynx aus. Besonders bei Jungfischen kann es dadurch zu Beeinträchtigungen des Wachstums kommen.

Gyrodactylus lucii und *G. fryi*, sind ebenfalls Hakenwürmer. Sie besitzen 1 Paar großer Haken am Hinterende, die durch Verbindungsstücke zusammenhängen. Die Parasiten heften sich damit hauptsächlich an der Haut des Wirtsfisches fest. Die Jungtiere werden fertig entwickelt zur Welt gebracht und beginnen frühzeitig mit der Nahrungsaufnahme. Sie ernähren sich von Blut und Epithelgewebe ihrer Wirte. Die Haut und Kiemen der befallenen Fische wird fleckig und die Flossen können ausfransen. Gyrodactyliden können 5-10 Tage frei im Wasser leben. Die Hauptvermehrungs- und Erkrankungszeit ist von Juni bis Oktober.

Azygia lucii, *A. longa* und *A. angusticauda*, 1-5 cm lange Saugwürmer denen Schnecken (*Galba spp.*) als Zwischenwirte dienen und die im Magen und Schlund von Hechten, selten in anderen Raubfischen, parasitisieren und die Schleimhaut lokal schädigen können. Da sie den Wirt nach dessen Absterben verlassen, kann man bei toten Hechten die Würmer gelegentlich auch an den Kiemendeckeln und außen am Körper feststellen.

Der Hechtbandwurm (*Triaenophorus spp.*) kann auch wirtschaftlichen Schaden anrichten. Kennzeichnend sind vier kleine Haken am Vorderende, die je drei nach hinten gerichtete Dornen besitzen. Die Eier des Parasiten werden meist zur Laichzeit des Hechtes abgegeben. Der Zwischenwirt des ersten Larvenstadiums (Procercoid) des Parasiten ist ein Planktonkrebs der Familie der Cyclopiden *(Cyclops, Mesocyclops, Paracyclops, Eucyclops, Diaptomus)*, dessen Infektion meist nach etwa einem Monat erfolgt. Der Zwischenwirt des zweiten Larvenstadiums (Plerocercoid) des Parasiten sind verschiedene Süßwasserfische (Salmoniden, Cypriniden, Perciden), die den Planktonkrebs fressen. Dort befällt die Parasitenlarve vor allem die Leber oder das Muskelfleisch, wo sie zu einem mehrere Zentimeter langen wurmförmigen Parasiten heranwächst. Nach einigen Monaten wird sie abgekapselt und ist als erbsengroßes weißliches Gebilde erkennbar, wodurch stark befallene Fischteile unverkäuflich werden. Frist der Endwirt Hecht (oder auch Aal) nun diesen Fisch wird der Bandwurm im Darm des Endwirts geschlechtsreif und bis 20-30 cm lang. Durch die am Kopf der Parasiten befindlichen Chitinhaken, die in die Darmschleimhaut geschlagen werden, können dort auch Entzündungen und Vernarbungen auftreten. Eine Behandlung ist durch die einmalige Verfütterung von Dibutylzinnoxid in einer Dosis von 250 mg/kg möglich.

Der Fischbandwurm (*Diphyllobothrium spp.*) kann auch dem Menschen gefährlich werden und empfindliche Schädigungen, vor allem hochgradige Anämie, verursachen. Der erste Zwischenwirt des Parasiten ist ein Planktonkrebs der Familie der Cyclopiden, in dem sich die Bandwurmlarve im ersten Larvenstadium (Procercoid) befindet. Der Fisch (Hecht, aber auch Forelle, Rutte oder Barsch) als zweiter Zwischenwirt frisst nun diesen Kleinkrebs und die Bandwurmlarve im zweiten Larvenstadium (Plerocercoid) wächst in dessen inneren Organen oder im Muskelfleisch heran. Die Ansteckung des Menschen erfolgt, wenn parasitenhaltige Fischteile, wie Leber, Gonaden oder Fleisch, roh gegessen werden. Im Fisch ist die Larve schwer zu entdecken, da sie nur 1-3 cm lang und gelblich-weiß gefärbt ist. Im Endwirt Menschen (auch Bär, Hund, Katze oder Schwein können einigen Arten als Ersatzwirte dienen) wächst der Bandwurm sehr rasch heran und wird bis zu 15 m lang. Wenn die Fische ausreichend gegart werden wird die Larve jedoch abgetötet und es besteht keine Gefahr. Der Befall ist besonders im nördlichen Raum häufig (Kanada, Russland, Skandinavien).

Die häufigsten Parasiten der Hechtfische:

(Nach: Craig et al., 1996; Raat, 1988; Reichenbach-Klinke et al., 1980)

PROTOZOA (Einzeller)

Parasit	Vorkommen	Wirt	Befall
CILIATA (Wimpertierchen):			
Cilodonella cyprini	E,	I,	Kiemen, Haut
Glossatella amoebae	R,	I,	Kiemen
G. baueri	E, R,	I,	Kiemen
G. campanulata	E, R,	I,	Kiemen
G. esocinum	R,	I,	Kiemen
G. longiciliare	R,	I,	Kiemen
G. magna	R,	I,	Kiemen
G. megamicronucleata	E, R,	I,	Kiemen
G. minimicronucleata	R,	I,	Kiemen
G. olae	R,	I,	Kiemen
G. piscicola	E, R,	I,	Kiemen, Haut
G. robustum	R,	I,	Kiemen
G. schulmani	R,	I,	Kiemen
Ichthyopthirius multifiliis	E, R,	I,	Haut
Scyphidia micropteri	A,	I, v,	Kiemen
Trichodina acuta	R,	I,	Kiemen, Haut
T. dallii	R,	I,	Kiemen
T. domerguei	E, R,	I,	Kiemen, Haut
T. intermedia	R,	I,	Kiemen, Haut
T. megamicronucleata	E,	I,	Kiemen
T. nigra	R,	I,	Kiemen, Haut
T. pediculus	E, R,	I,	Kiemen, Haut
T. rectangli	E, R,	I,	Kiemen, Haut
T. renicola	A,	I, m, v,	Kiemen
T. reticulata	E, R,	I,	Haut, Maul
T. strelkovi	R,	r,	Kiemen, Flossen
T. tumefaciens	R,	I,	Kiemen
Trichodinella epizootica	E, R,	I,	Kiemen
T. longispira	R,	r,	Kiemen
T. lotae	E, R,	I,	Kiemen
T. percarum	E, R,	I,	Kiemen
T. subtilis	E, R,	I,	Kiemen
Tripartiella copiosa	R,	I,	Kiemen
T. incisa	E, R,	I,	Kiemen
T. lata	E, R,	I,	Kiemen
FLAGELLATA (Geißeltierchen):			
Cryptobia guerneyorum	A, E, R,	I,	Blut
C. humilis	R,	I,	Blut
Trypanosoma carassii	E, R,	I,	Blut
T. percae	R,	I,	Blut
T. remaki	A, E, R,	I, n, r,	Blut
T. schulmani	E, R,	I,	Blut

HAPLOSPORA (Haplotierchen):			
Dermocystidium vejdovskyi	E, R,	l,	Kiemen, Haut
MYXOSPORA (Myxotierchen):			
Chloromyxum esocium	A, E, R,	l,	Gallenblase
Henneguya acuta	A,	m,	Kiemen
H. creplini	E,	l,	Kiemen
H. esocis	A,	n,	Kiemen
H. lobosa	E, R,	l,	Kiemen, Muskeln
H. nemeczeki	E, R,	l,	Kiemen
H. nigris	A,	m, n,	Kiemen
H. oviperda	E, R,	l,	Kiemen, Gonaden
H. periinterstinalis	R,	l,	Kiemen
H. psorospermica	E, R,	l,	Kiemen, Muskeln
H. schizura	A, E, R,	l,	Augen, Muskeln
H. zschokkei	R,	l,	Kiemen
Myxidium lieberkuehni	A, E, R,	l, r,	Harnblase, Nieren
M. macrocapsulare	R,	l,	Gallenblase
Myxobolus aeglefini	E,	l,	Augen
M. alienus	R,	l,	Gallenblase
M. dentium	A,	m,	Maul
M. musculi	R,	l,	Muskeln
Myxosoma anurus	E, R,	l, r,	Kiemen
M. cuneata	A,	m,	Kiemen
M. dispar	R,	l,	Kiemen
M. dujardini	R,	l,	Kiemen
M. muelleri	A, R,	l, m,	Kiemen
M. pseudoanurus	R,	l,	Kiemen
Sphaerospora minuta	R,	l,	Harnblase
SPOROZOA (Sporentierchen):			
Eimeria esoci	E, R,	l,	Eingeweide
Haemogregarina esoci	R,	l,	Blut
SUCTORIA (Sauginfusorien):			
Trichophrya piscium	E, R,	l, r,	Kiemen
T. sinensis	R,	r,	Kiemen

Abkürzungen:
A = Amerika, E = Europa, R = Russland,
a = *E. americanus*, l = *E. lucius*, m = *E. masquinongy*, n = *E. niger*, r = *E. reichertii*, v = *E. vermiculatus*;

METAZOA (Mehrzeller)

Parasit	Vorkommen	Wirt	Befall
CESTODA (Bandwürmer):			
Bothriocephalus cuspidatus	A, R,	l,	Eingeweide
B. claviceps	E,	l,	Eingeweide
Cyathocephalus truncatus	E, R,	l,	Eingeweide
Diphyllobothrium dendriticum (L)	E,	l,	Eingeweide
D. latum (L)	A, E, R,	l,	Muskeln
Eubothrium crassum	E,	l,	Eingeweide
Glaridacris catostomi	A,	l, v,	Eingeweide
Ligula intestinalis (L)	A,	l,	Bauchhöhle
Proteocephalus ambloplitis	A,	a, m, n,	Eingeweide
P. cernuae	R,	l,	Eingeweide
P. esocis	E, R,	l,	Eingeweide
P. nematosoma	A,	l, n,	Eingeweide
P. pearsei	A,	v,	Eingeweide
P. percae	E, R,	l,	Eingeweide
P. perplexus	A,	v,	Eingeweide
P. pinguis	A,	a, l, m, n, v,	Eingeweide
P. stizostethi	A,	l,	Eingeweide
P. tumidocollus	A,	l,	Eingeweide
Schistocephalus solidus (L)	A,	l,	Bauchhöhle
Triaenophorus amuriensis	R,	r,	Eingeweide
T. crassus	A, E, R,	l, m, r,	Eingeweide
T. lucii	A, E, R,	l, m, r,	Eingeweide
T. orientalis	R,	r,	Eingeweide
T. tricuspidatus	A,	l,	Eingeweide
MONOGENEA (Hakenwürmer):			
Ancryocephalus monenteron	E,	l,	Kiemen
Dactylogyrus borealis	R,	l,	Kiemen
D. vastator	E, R,	l,	Kiemen
Diplozoon paradoxum	E, R,	l,	Kiemen
Gyrodactylus decorus	R,	l,	Kiemen
G. cernuae	R,	l,	Kiemen
G. elegans	E,	l,	Kiemen
G. fryi	A,	m,	Haut
G. lucii	A, E, R,	l,	Haut, Flossen
G. phoxini	R,	l,	Kiemen, Haut
G. wageneri	E,	l,	Kiemen
Neodactylogyrus megastoma	E,	l,	Kiemen
Tetraonchus loftusi	A,	m,	Kiemen
T. monenteron	A, E, R,	l, r,	Kiemen
TREMATODA (Saugwürmer):			
Allocreadium isoporum	A, R,	l,	Eingeweide
Apophallus venustus (L)	A,	l,	Muskeln
Ascocotyle coleostoma (L)	R,	l,	-
Azygia angusticauda	A,	a, l, m, n, v,	Magen
A. iopinata	R,	l,	Magen

A. longa	A,	l, m, n, v,	Magen, Darm
A. lucii	E, R,	l, r,	Magen, Darm
A. mirabilis	R,	l,	Darm
A. robusta	R,	l, r,	Eingeweide
Bolbophorus confus (L)	E, R,	l,	Muskeln
Bucephalopsis pusilla	A,	l,	Eingeweide
B. papillosus	A,	l,	Eingeweide
B. polymorphus	R,	l,	Eingeweide
Bucephalus elegans	A,	n,	Eingeweide
B. polymorphus	E,	l,	Eingeweide
Bunodera luciopercae	A, E,	l,	Eingeweide
Centrovarium lobotes (L)	A,	v,	Eingeweide
Cestrahelmins laruei	A,	m,	Eingeweide
Clinostomum complanatum (L)	A, R,	l,	Muskeln
C. marginatum (L)	A, R,	l, n,	Muskeln
Cotylurus pileatus (L)	A, R,	l,	Augen
Crassiphiala bulboglossa (L)	A,	a, l, n, v,	Zyst.
Crepidostomum cooperi	A,	l, n,	Eingeweide
C. farionis	A,	l,	Eingeweide
C. metoecus	A,	l,	Eingeweide
Crowrocaecum skrjabini	R,	l,	Eingeweide
Cryptogonumus chyli (L)	A,	l, m,	Eingeweide
Diplostomulum cuticola (L)	E,	l,	Zyst.
Diplostomum clavatum (L)	E, R,	l,	Augen
D. scheuringi (L)	A, R,	l, n,	Augen, Muskeln
D. spathaceum (L)	A, E, R,	l,	Augen
D. indistinctum (L)	A,	m,	Augen
Hysteromorpha triloba (L)	R,	l,	Muskeln
Ichthyocotylurus sp. (L)	E,	l,	Eingeweide
Isoparorchis hypselobagri	R,	r,	Schwimmblase
Lissorchis kritskyi	A,	l,	Eingeweide
Macroderoides flavus	A,	a, l, n, v,	Eingeweide
M. spiniferus	A,	a, m,	Eingeweide
Metagonimus yokogawai (L)	R,	r,	Flossen, Haut
Microphallus opacus	A,	l, m, n,	Darm
M. ovatus	A,	m, v,	Eingeweide
Neascus oneidensis (L)	A,	l, m,	Eingeweide
Paracoenogonimus ovatus (L)	A, E, R,	l,	Muskeln, Flossen
P. viviparae (L)	E,	l,	Muskeln
Phyllodistomum folium	A, E, R,	l,	Harnblase
P. staffordi	A,	m, n,	Harnblase
P. superbum	A,	l, n,	Harnblase
Pisciamphistoma stunkardi	A,	v,	Eingeweide
Plagiocirrus primus	A,	l,	Eingeweide
Posthodiplostomum minimum (L)	A, E,	l,	Haut, Leber
Prohemistomulum sp.	E,	l,	Flossen
Prosorhynchoides pusilla	A,	l,	Eingeweide
Rhipidocotyle fennica	E,	l,	Eingeweide
R. illense (L)	E, R,	l,	Eingeweide
Sanguinicola sp.	E,	l,	Herz
S. inermis	R,	l,	Blut
S. volgensis	R,	l,	Blut

Sphaerostoma bramae	E, R,	I,	Eingeweide
Tetracotyle parvula (L)	A,	I,	Rachenhöhle
T. percae-fluviatilis (L)	R,	I,	Zyst.
Tylodelphys clavata (L)	A, E,	I,	Augen
T. gavia	R,	I,	Gehirn
Uvulifer ambloplitis (L)	A,	I, n,	Haut
NEMATODA (Fadenwürmer):			
Anisakis mucron (L)	E,	I,	Eingeweide
Ascaris lucii	A,	I,	Eingeweide
Camallanus lacustris	E, R,	I,	Eingeweide
C. oxycephalus	A,	I, m,	Eingeweide
C. truncatus	R,	I,	Eingeweide
Contracaecum bidentatum	E,	I,	Eingeweide
C. osculatum-baicalensis	E, R,	I,	Eingeweide
C. spiculigerum (L)	A,	I,	Eingeweide
Cucullanus truttae	E,	I,	Eingeweide
Cystidicola farionis	A,	I,	Schwimmblase
Cystidicoloides tenuissima	A, E,	I, m,	Magen
Dioctophyme renale (L)	R,	I,	Eingeweide
Esocinema bohemicum	E,	I,	Schwimmblase
Eustrongylides excisus (L)	R,	I,	Eingeweide
E. mergorum (L)	R,	I,	Eingeweide
Haplonema sp.	A,	I,	Eingeweide
Hedruris tiara	A,	I, m,	Magen
Hysterothylacium bidentatum	R,	I,	Eingeweide
H. brachyurum	A,	I, m,	Eingeweide
H. cayugensis	A,	I,	Eingeweide
Metabronema salvelini	A,	I, m,	Eingeweide
Philometra obturans	A, E, R,	I, m,	Blutgefäße, Kopf
Philonema sp.	A,	I,	Bauchhöhle
Porrocaecum capsularia (L)	R,	I,	Muskeln
Raphidascaris acus	A, E, R,	I, m, n, r,	Eingeweide
Rhabdias sp.	E,	I,	-
Rhabdochona canadensis	A, E,	I,	Eingeweide
R. denudata	R,	I,	Eingeweide
R. milleri	A,	I,	Eingeweide
Spinitectus carolini	A,	I,	Eingeweide
S. gracilis	A,	I, m, v,	Eingeweide
Spiroxys sp. (L)	A,	m,	Eingeweide
ACANTHOCEPHALA (Kratzer):			
Acanthocephalus anguillae	E, R,	I,	Eingeweide
A. lucii	E, R,	I,	Eingeweide
Corynosoma semerme (L)	E, R,	I,	Eingeweide
C. strumosum (L)	R,	I,	Eingeweide
Echinorhynchus clavula	E, R,	I,	Eingeweide
E. coregoni	A,	v,	Eingeweide
E. gadi	E, R,	I,	Eingeweide
E. leidyi	A,	I,	Eingeweide
E. salmonis	A, E, R,	I, m,	Eingeweide
Fessisentis necturorum	A,	a,	Eingeweide

F. tichiganensis	A,	l,	Eingeweide
Habesoma violentum	R,	r,	Eingeweide
Leptorhynchoides thecatus	A,	a, l, m, n, v,	Eingeweide
Metechinorhynchus lateralis	A,	l,	Eingeweide
M. truttae	E, R,	l,	Eingeweide
Neoechinorhynchus crassus	A,	l,	Eingeweide
N. cylindratus	A,	l, m, n,	Eingeweide
N. rutili	A, E, R,	l,	Eingeweide
N. strigosus	A,	l,	Eingeweide
N. tenellus	A,	l, m, n, v,	Eingeweide
N. tumidus	A,	l,	Eingeweide
Paracanthocephalus curtus	R,	r,	Eingeweide
P. tenuirostris	R,	r,	Eingeweide
Pilum pilum	A,	a,	Eingeweide
Pomphorhynchus bulbocolli	A,	l, m,	Eingeweide
P. laevis	E, R,	l,	Eingeweide
P. proteus	E,	l,	Eingeweide
Pseudoechinorhynchus clavula	E, R,	l,	Eingeweide
HIRUDINEA (Egel):			
Cystobranchus verrilli	A,	m,	Haut
Hemiclepsis marginata	R,	l,	Haut
Illinobdella moorei	A,	l,	Haut, Flossen
Mollibdella grandis	A,	l,	Haut
Myzobdella lugubris	A,	a, l,	Haut
Piscicola geometra	E, R,	l,	Haut
P. milneri	A,	l,	Haut, Flossen
Placobdella montifera	A,	l,	Haut
P. parasitica	A,	l, m, v,	Haut
CRUSTACEA (Krebstiere):			
Achtheres percarum	E,	l,	Haut
Argulus americanus	A,	m,	Haut
A. appendiculosus	A,	l,	Haut
A. coregoni	E, R,	l, r,	Haut
A. foliaceus	A, E, R,	l,	Haut
A. maculosus	A,	m,	Haut
A. stizostethii	A,	l, m,	Haut
A. versicolor	A,	l, n,	Haut
Caligus lacustris	R,	l,	Haut
Ergasilus briani	R,	l,	Haut
E. caeruleus	A,	m,	Haut
E. luciopercarum	A,	l,	Haut
E. sieboldi	E, R,	l,	Kiemen
Lernaea cyprinacea	A, R,	l,	Haut
L. esocina	E, R,	l,	Kiemen, Haut
Paraergasilus longidigitus	R,	r,	Nasenöffnung
Salmincola extensus	A,	l,	Haut
BIVALVIA (Muscheln):			
Anodonta cygnea (L)	A, E, R,	l, v,	Kiemen, Haut

Abkürzungen:
L = Larve, A = Amerika, E = Europa, R = Russland,
a = *E. americanus*, l = *E. lucius*, m = *E. masquinongy*, n = *E. niger*, r = *E. reichertii*, v = *E. vermiculatus*;

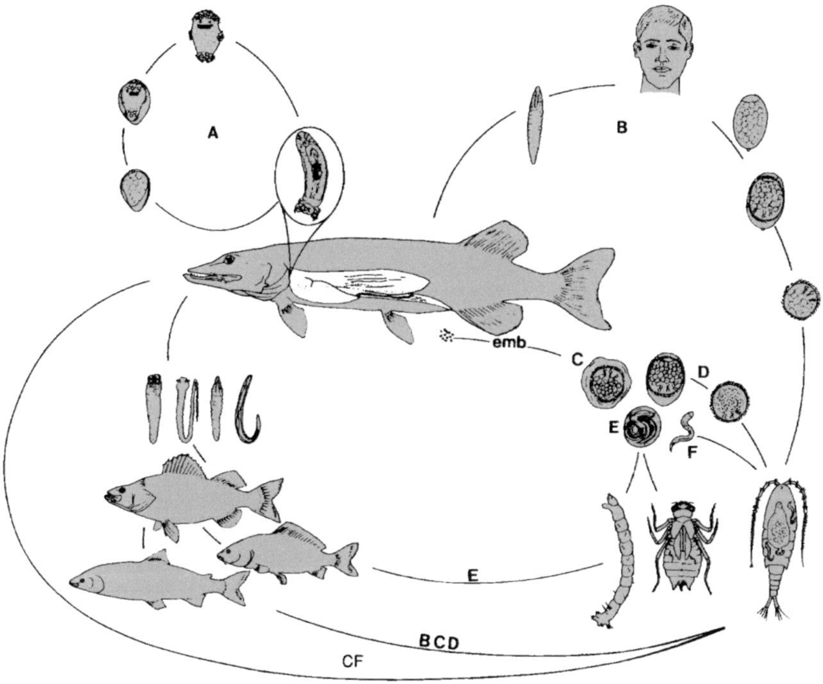

Lebenszyklen einiger typischer Parasiten der Hechtfische. (Nach: Craig et al., 1996)

Abkürzungen:
A = *Tetraonchus monenteron*; B = *Diphyllobothrium latum*; C = *Proteocephalus pinguis*; D = *Triaenophorus crassus*; E = *Raphidascaris acus*; F = *Philometra obturans*;

Krankheiten

Neben Parasiten werden auch durch Viren, Bakterien und Pilzen Erkrankungen hervorgerufen. Krankheiten brechen meist bei schlechten Haltungsbedingungen, vor allem unter intensiven Bedingungen aus.
Eine Verbesserung der Haltungsbedingungen, vor allem Ernährung, Besatzdichte und Wasserqualität (wie Sauerstoff-, Ammonium- und Nitritgehalt sowie Wassertemperatur und pH-Wert), und die Vermeidung von Stress kann daher Krankheitsprobleme vermindern.

PILZKRANKHEITEN (Mykosen):

Fischschimmel

Die Verpilzung von Eiern, sowie von Fischen (Haut, Kiemen, Maul, Flossen) kann bei allen Fischarten und Wassertemperaturen auftreten. Die Erreger sind Pilze (*Saprolegnia sp., Achlya sp.*) die Hyphen und ein reich verzweigtes Mycel in einer Breite bis zu 20 µm besitzen. Bei der Infektion dringen zweigeisselige Schwärmsporen in die bereits verletzte Oberhaut ein, kapseln sich vorübergehend ab und bilden aus diesem Zwischenstadium neue Pilzschläuche, die auch in tiefere Gewebeschichten eindringen können und dadurch starke Schäden verursachen. Im Anfangsstadium scheuern sich die Fische, danach treten an den erkrankten Körperstellen sichtbare weißliche watteartige Pilzrasen auf. Organische Wasserbelastung und Wassertemperaturen von über 10 °C begünstigen die Entwicklung von Saprolegnia, saures und kalkarmes Wasser dagegen hemmt. Eine Prophylaxe ist mit 36 %igem Formalin (200-300 ppm) für 15-30 Minuten oder Detarox (20-25 ppm) für 30-60 Minuten möglich.

Kiemenfäule

Diese Erkrankung tritt vor allem bei starker organischer Belastung und höheren Temperaturen bei vielen Fischarten auf. Die Erreger sind Algenpilze (*Branchiomyces sp.*). Die Infektion erfolgt mit Sporen über die Kiemen die dort die Kapillaren und Arterien bis zum Zerreißen auftreiben. Als Folge der Ephithelwucherungen und Blutstauungen treten Schwellungen und meist rotbraune Verfärbungen der Kiemen auf. Der Verlauf ist durch die unzureichende Sauerstoffversorgung meist schnell und es können Verluste von 10-50 % auftreten. Eine Kurzzeitbehandlung für 10-30 Minuten ist mit 100 ppm Kupfersulfat möglich. Zur Prophylaxe werden 2-3 kg Kupfersulfat oder 200 kg Branntkalk je ha verwendet, die auf 30 % der Gewässerfläche aufgebracht werden.

BAKTERIENKRANKHEITEN (Bakteriosen):

Kiemenschwellung

Die Erkrankung wird durch 1 x 3-9 µm große Myxobakterien verursacht und tritt bei jeder Temperatur, vor allem bei ungünstigen Haltungsbedingungen auf. Die Inkubationszeit ist temperaturabhängig und beträgt 1-6 Wochen. Die Symptome sind Schwellung der Kiemen und Verschmelzung der Kiemenblättchen bis zur Fusion ganzer Kiemenblattbereiche. Die Verluste sind anfangs gering, steigen aber stark mit zunehmender Vermehrung der Bakterien.

Vibriose

Diese Erkrankung tritt weltweit bei zahlreichen Fischen, bevorzugt in eutrophen Gewässern mit hohem pH-Wert, auf. Die Erreger sind 1,0-2,0 µm lange und 0,4-0,6 µm breite Bakterien (*Vibrio sp.*). Die Infektion erfolgt vermutlich über den Verdauungstrakt, sowie über die Kiemen und Haut. Nach einer Inkubationszeit von 3-8 Tage ist ein akuter als auch chronischer Verlauf mit Verlusten von 40-70 % möglich. Beim akuten Verlauf treten starke Blutungen an Flossen und Körper auf und die Milz und Niere sind stark geschwollen. Beim chronischen Verlauf treten oft Beulen, Geschwüre und Darmentzündungen auf.

Flossenfäule

Charakteristische Symptome sind Zerstörungen (Läsionen) der Flossen, die bei den Aeromonaden und Pseudomonaden von den Flossenrändern und bei den Myxobakterien von der Flossenbasis ausgehen. Oft sind auch Mischinfektionen vorhanden. Die Erkrankung tritt meist nach Primärschädigung auf und beginnt mit der Trübung der Flossenränder. Zunächst wird das weiche Gewebe zwischen den Flossenstrahlen zerstört, sodass die Flossenränder ausfransen, was bis zu Flossenstummeln führen kann. Im fortgeschrittenen Stadium kann eine rötliche Entzündung auf die Muskulatur übergreifen.

Fleckenseuche

Tritt vor allem in freien Gewässern meist als sekundäre Erkrankung bei geschwächten Fischen auf und wird von verschiedenen ubiquitär im Wasser vorkommenden Bakterien (Aeromonaden, Pseudomonaden) verursacht. Die Symptome sind rote flächige Flecken und Geschwüre sowie Beulen auf der Haut oder Entzündungen an After und Schwanzwurzel. Da bei vielen bakteriellen Erkrankungen ähnliche Symptome auftreten, ist nur der serologische od. kulturelle Erregernachweis sicher.

VIRUSKRANKHEITEN (Virosen):

Hechtbrutsyndrom - Rhabdovirus
Eine akute Infektion junger Hechte (bis 5-6 cm Gesamtlänge), die meist bei einer Wassertemperatur von 10-22 °C, und nur unter intensiven Haltungsbedingungen, auftritt. Die Übertragung kann durch Kontakt und über Eier erfolgen. Die Inkubationszeit beträgt bei einer Wassertemperatur von 14-24 °C, 1-5 Tage. Die infizierten Fische schwimmen langsam und oft instabil an der Wasseroberfläche, mit Verlusten bis zu 80 %. Die Symptome sind entweder Blutungen (Hämorrhagien) in der Muskulatur und Schwellung besonders im hinteren Körperbereich oder Glotzaugen (Exopthalmus) und ein bis zwei Auftreibungen im Schädelbereich die durch Flüssigkeitsansammlungen (Ascites) hervorgerufen werden, wodurch die Diagnose relativ leicht möglich wird. Außerdem treten in Milz, Pankreas und im hämatopoetischen Gewebe der Niere kommaförmige Blutungen auf und die Kiemen sind sehr blass (Anämie). Gegenüber Hitze und Säure ist das geschoßförmige (125-160 x 60-90 nm große) Virus labil. Im Wasser wird das Virus innerhalb von 3 Tagen bis zu 70 % inaktiviert, bleibt aber tiefgefroren über Monate stabil. Zur Vorbeugung ist eine Desinfektion der Eier mit jodhaltigen Präparaten möglich (z.B.: 150 ppm Desamar K30 für 10 Minuten). Das Verhältnis Eier zu Desinfektionslösung sollte 1:10-20 betragen. Anschließend sind die Eier gründlich mit frischem Wasser zu spülen.

Hämorrhagische Virus Septikämie - Rhabdovirus
Diese Erkrankung tritt vor allem in Europa und Asien bevorzugt bei Salmoniden auf, kann aber auch bei Hechten zu hohen Verlusten führen, vor allem nach dem Besatz. Da das geschoßförmige 100-180 x 60-80 nm große Virus sehr umweltlabil ist, ist eine direkte Übertragung durch Wasser allein eher unwahrscheinlich. Die Infektion erfolgt meist über Hautverletzungen oder die Kiemen. Die Inkubationszeit beträgt etwa 3-10 Tage. Bei erkrankten Hechten treten Nekrosen und Blutungen im Gewebe auf. Das Virus kann lange im Gewässerboden (in Ein- oder Mehrzeller) überleben. Zur Vorbeugung ist eine Desinfektion der Eier mit jodhaltigen Präparaten möglich (z.B.: 150 ppm Desamar K30 für 10 Minuten). Das Verhältnis Eier zu Desinfektionslösung sollte 1:10-20 betragen. Anschließend sind die Eier gründlich mit frischem Wasser zu spülen.

Hechtsakrom - Retrovirus
Diese Erkrankung tritt in Europa und Amerika, bevorzugt in verschmutzten Gewässern, auf. Infiziert sind rund 10-20 % der Bestände, überwiegend Hecht und Muskellunge. Die Symptome sind vor allem externe, aber gelegentlich auch interne Tumore an den Flanken und Flossen, sowie Kopf und Maul. Die Tumore entwickeln sich meist im Herbst und Winter und gehen im Sommer zurück.

Hechtläsion - Herpesvirus
Diese Erkrankung tritt vor allem in Saskatchewan und Manitoba in Kanada auf. Dort sind rund 1-7 % der Hechte infiziert. Die Symptome sind flache bläulich-weiße Zerstörungen (Läsionen) der Haut und Flossen.

Adressen

Deutschland:

Fischgesundheitsdienst Bayern, Senator-Gerauerstraße 23, 85586 Poing/Grub
Fischgesundheitsdienst Aulendorf, Löwenbreitestraße 20, 88326 Aulendorf
Fischgesundheitsdienst Stuttgart, Atzenbergstraße 16, 70174 Stuttgart
Fischgesundheitsdienst Freiburg, Am Moosweiher 2, 79108 Freiburg
Fischgesundheitsdienst Heidelberg, Czernyring 22, 69115 Heidelberg
Fischgesundheitsdienst Hessen, Marburgerstraße 54, 35396 Gießen
Fischgesundheitsdienst Nordrhein-Westfalen, Heinsbergerstraße 51, 57399 Kirchhundem
Fischgesundheitsdienst Rheinland-Pfalz, Blücherstraße 34, 56073 Koblenz
Fischgesundheitsdienst Niedersachsen, Eintrachtweg 17, 30173 Hannover
Fischgesundheitsdienst Schleswig-Holstein, Gutenbergstraße 75-77, 24116 Kiel
Fischgesundheitsdienst Sachsen-Anhalt, Haferbreiterweg 132-135, 39576 Stendal
Fischgesundheitsdienst Potsdam, Pappelallee 2, 14469 Potsdam
Fischgesundheitsdienst Sachsen, Berlinerstraße 34, 04105 Leipzig
Fischgesundheitsdienst Cottbus, Schlachthofstraße 18, 03044 Cottbus
Veterinärinstitut Jena, Naumburgerstraße. 96, 07743 Jena
Veterinärinstitut Bad Langensalza, Tennstedterstraße, 99947 Bad Langensalza
Fischdiagnostik Mecklenburg-Vorpommern, Eldenburg 71, 17192 Waren/Müritz
Bayer. Landesanstalt für Fischerei, Weilheimerstraße 8a, 82319 Starnberg
Bayer. Landesanstalt für Wasserforschung, Kaulbachstraße 37, 80539 München
Institut für Binnenfischerei, Müggelseedamm 310, 12587 Berlin
Institut für Meereskunde, Düsternbrooker Weg 20, 24105 Kiel
Bundesforschungsanstalt für Fischerei, Palmaille 9, 22767 Hamburg
Fischereiamt Bremen, Fischkai 31, 27572 Bremerhaven

Österreich:

Bundesamt für Wasserwirtschaft, Scharfling 18, 5310 Mondsee
Institut für Fischkunde, Veterinärplatz 1, 1210 Wien
Institut für Hydrobiologie, Max Emanuel-Straße 17, 1180 Wien
Institut für Limnologie, Mondseestraße 5, 5310 Mondsee
Institut für Seenforschung, Kirchengasse 43, 9020 Klagenfurt
Institut für Wassergüte, Marxergasse 2, 1030 Wien
Landesfischereizentrum Vorarlberg, Auhafendamm 1, 6971 Hard

Schweiz:

Zentrum für Fisch- und Wildtiermedizin, Lengass-Straße 122, 3001 Bern
Bundesamt für Umwelt, Worblentalstraße 68, 3003 Bern
Bundesamt für Landwirtschaft, Mattenhofstraße 5, 3003 Bern

Niederlande:

Zentraler Fischgesundheitsdienst, Postfach 65, 8200 Lelystad
Institut für Fischreiforschung, Haringkade 1, 1970 AB Ijmuiden
Organisation zur Verbesserung der Binnenfischerei, Buxtehudelaan 1, 3420 Nieuwegein

Autor:

Fischzuchtmeister Martin Hochleithner, Unterbrunnweg 3, A-6370 Kitzbühel, Österreich
Tel: 05356/71399, Fax: 05356/64870, Mobil: 0664/1048297

Synonyme

Fremdsprachige Bezeichnungen
der einzelnen Arten:

Wissenschaftlich	Deutsch	Englisch	Französisch
Esox americanus	**Rotflossenhecht**	Redfin Pickerel	Brochet d'Amérique
Esox cisalpinus	**Südlicher Hecht**	Southern Pike	Brochet du sud
Esox lucius	**Nordischer Hecht**	Northern Pike	Brochet du nord
Esox masquinongy	**Muskellunge**	Muskie	Maskinongé
Esox niger	**Kettenhecht**	Chain Pickerel	Brochet maillé
Esox reicherti	**Amurhecht**	Amur Pike	Brochet de l'Amour
Esox vermiculatus	**Grashecht**	Grass Pickerel	Brochet vermiculé
Dallia admirabilis	**Amguema-Schwarzfisch**	Amguema Blackfish	Dallia
Dallia delicatissima	**Pilkhikay-Schwarzfisch**	Pilkhikay Blackfish	Dallia
Dallia pectoralis	**Alaska-Schwarzfisch**	Alaska Blackfish	Dallia
Novumbra hubbsi	**Olympischer Hundsfisch**	Olympic Mudminnow	Umbre olympique
Umbra krameri	**Europäischer Hundsfisch**	European Mudminnow	Umbre européen
Umbra limi	**Zentraler Hundsfisch**	Central Mudminnow	Umbre de vase
Umbra pygmaea	**Östlicher Hundsfisch**	Eastern Mudminnow	Umbre pygmée

Literatur

Referenzen:

Agassiz L., 1843: Reserches sur les Poissons Fossiles. Atlas, Tome V. Neuchatel.

Aldinger H., 1993: Der Hecht: Lebensweise, Verhalten und Fang. Verlag Paul Parey, Hamburg und Berlin. 118 Seiten.

Anwand K., Schultz W., Kobel J., 1988: Zur Technologie der Hechterbrütung. Zeitschrift für die Binnenfischerei der DDR, 35 (6): 191-196.

Anwand K., 1991: Erbrütung und Aufzucht von Hechten und Maränen. Fischer & Teichwirt, 42 (1): 2-5.

Balushkin A.V., Chereshnev I.A., 1982: Systematics of the genus *Dallia* (Umbridae, Esociformes). In: Korovinoy V.M. (Ed.): Taxonomy and Ecology of the Teleostean Fishes. Proc. Zoological Inst., Acad. Sci., USSR, Leningrad. pp. 36-56.

Beauchamp J., Boyko A.L., Dunn S., Hardy D., Jarvis P.L., Staton S.K., 2012: Management plan for the Grass Pickerel (*Esox americanus vermiculatus*) in Canada. Species at Risk Act Management Plan Series. Fisheries and Oceans Canada, Ottawa. 47 pp.

Berg L.S., 1948: Ryby presnykh vod SSSR i sopredel'nykh stran. Izdatel'stvo Akademii Nauk SSSR, Moskva, Vol. 1, 504 pages.

Bianco P.G., Delmastro G.B., 2011: Recenti novità tassonomiche riguardanti i pesci d'acqua dolce autoctoni in Italia e descrizione di una nuova specie di luccio. IGF Publ. Researches on Wildlife Conservation, 2 (Suppl.): 1-14.

Bohl M. (Ed.) et al., 1999: Zucht und Produktion von Süßwasserfischen. Verlagsunion Agrar, DLG-Verlag Frankfurt/Main. 720 Seiten.

Bohlen J., 1991: Beobachtungen zu Verbreitung, Biologie und Gefährdung des Europäischen Hundsfisches *Umbra krameri* Walbaum 1792 (Pisces, Umbriade). Österreichs Fischerei, 44 (11/12): 286-290.

Bohlen J., 1995: Laboratory studies on the reproduction of the European mudminnow, *Umbra krameri* Walbaum, 1792 (Pisces: Umbridae). Ann. Naturhist. Mus. Wien, 97 (B): 502 -507.

Craig J.F. (Ed.) et al., 1996: Pike: Biology and exploitation. Chapman & Hall, London. 298 pp.

Einsele W., 1948: Über das Wachstum und den Futterverbrauch des Hechtes. Österreichs Fischerei, 1 (1): 7-11.

Gihr M., 1958: Vom Hechtei zum Vollhecht. Österreichs Fischerei, 11 (8): 109-115.

Grande T., Laten H., López J.A., 2004: Phylogenetic Relationships of Extant Esocid Species (Teleostei: Salmoniformes) Based on Morphological and Molecular Characters. Copeia, 4: 743-757.

Haempel O., 1949: Zur Biologie der Befruchtung und Entwicklung beim Hecht. Österreichs Fischerei, 2 (11): 243-246.

Heckel J., Kner R., 1858: Die Süßwasserfische der Österreichischen Monarchie mit Rücksicht auf die angrenzenden Länder. Verlag W. Engelmann, Leipzig. 388 Seiten.

Hegemann M., 1964: Der Hecht. *Esox lucius* L. Die Neue Brem-Bücherei. Bd. 336. 76 Seiten.

Heuschmann O., 1940: Die Hechtzucht. In: Demoll R., Maier H.N. (Hrsg.): Handbuch der Binnenfischerei Mitteleuropas IV (7): 750-787.

Heuschmann O., 1957: Die Hechtartigen, Ordnung Haplomi (Esociformes). In: Demoll R., Maier H.N. (Hrsg.): Handbuch der Binnenfischerei Mitteleuropas III (8): 1-22.

Hochleithner M., 2014: Lachsfische (Salmoniformes): Biologie und Aquakultur. AquaTech Publications, Kitzbühel. 384 Seiten.

Huet M. (Ed.) et al., 1972: Textbook of Fish Culture. Fishing News Books, Farnham, 438 pp.

Knösche R., 1996: Anmerkungen zur Hechtwirtschaft in Seen. Fischer & Teichwirt, 47 (4): 137-142.

Kucska B., 2007: Intensive rearing of pike (*Esox lucius* L.). Ph. D. Thesis, University of Pannonia, Keszthely. 15 pages.

Landsman S.J., 2011: Uncovering Secrets of the "Fish of 10,000 Casts": The Physiological Ecology and Behaviour of Muskellunge (*Esox masquinongy*). MS Thesis, Carleton Univ., Ottawa. 131 pp.

Lucentini L., Puletti M.E., Ricciolini C., Gigliarelli L., Fontaneto D., Lanfaloni L., Bilo F., Natali M., Panara F., 2011: Molecular and Phenotypic Evidence of a New Species of Genus *Esox* (Esocidae, Esociformes, Actinopterygii): The Southern Pike, *Esox flaviae*. PLoS ONE, 6 (12): 1-14.

Luczynski M.J., Szczerbowski A., Kucharczyk D., Babiak I., 2000: Inducing homozygous Gynogenesis in Northern Pike (*Esox lucius*) using heterologous Perch (*Perca fluviatilis*) Sperm. In: Flos R., Creswell L. (Comp.): Responsible Aquaculture in the New Millenium. Abstracts Aqua 2000, Nice, France. EAS Special Publ., 28: 419-420.

Ming A.D., 1968: Life History of the Grass Pickerel, *Esox americanus vermiculatus*, in Oklahoma. Oklahoma Fishery Research Laboratory Bulletin Nr. 8. 66 pp.

Mongillo P.E., Hallock M., 1999: Draft Washington state status report for the Olympic mudminnow. Wash. Dept. Fish and Wildl., Olympia. 37 pp.

Newbrey M.G., Wilson M.V.H., Ashworth A.C., 2008: Climate change and evolution of growth in Late Cretaceous to Recent North American Esociformes. In: Arratia G., Schultze

H.P., Wilson M.V.H. (Eds.). Mesozoic Fishes 4 - Homology and Phylogeny. Verlag Pfeil, München. pp. 311-350.

Nikol'skii G.V., 1961: Special Ichthyology. Israel Program for Scientific Translation, Jerusalem. 538 pages.

Paat A.J.P., 1988: Synopsis of biological data on the northern pike, *Esox lucius* Linnaeus, 1758. FAO Fisheries Synopsis, 30 (2): 1-178.

Panek F.M., Weis J.S., 2013: Diet of the Eastern Mudminnow (*Umbra pygmaea* DeKay) from Two Geographically Distinct Populations within the North American Native Range. Northeastern Naturalist, 20 (1): 37-48.

Rahn J., 1978: Wasserzufuhr und Sauerstoffverhältnisse in Zuger Gläsern bei der Hechterbrütung. Zeitschrift für die Binnenfischerei der DDR, 25 (2): 39-43.

Reichenbach-Klinke H.H. (Ed.) et al., 1980: Krankheiten und Schädigungen der Fische. Gustav Fischer Verlag, Stuttgart. 472 Seiten.

Rosenfeld M.J., 1983: Geographic variation in *Novumbra hubbsi* Schultz 1929 (Pisces: Umbridae): External meristic characters, chromosomal state and nuclear DNA content. MS Thesis, University of British Columbia. 115 pp.

Rümmler F., Schreckenbach K., Pfeiffer M., 1998: Auswirkungen der Elektrofischerei auf Fische. Fischer & Teichwirt, 49 (3): 88-92.

Schäperclaus W., Lukowicz M.v. (Ed.) et al., 1997: Lehrbuch der Teichwirtschaft. Parey Verlag, Berlin. 590 Seiten.

Scott W.B., Crossman E.J., 1973: Freshwater Fishes of Canada. Fisheries Research Board of Canada, Ottawa. Bulletin 184, 966 pp.

Shatz Y., 2000: Fishstat Plus. Food and Agriculture Organisation, Roma.

Spindler T., Wanzenböck J., 1998: Der Hundsfisch *(Umbra krameri* Walbaum, 1792), als Zielart für besonders gefährdete Feuchtgebietszonen. Zusammenfassung des Monitoringprogrammes 1993-1997. Studie im Auftrag der NÖ Landesreg. und des BMUJF. 26 Seiten.

Steffens W. (Ed.) et al., 1981: Moderne Fischwirtschaft. Verlag Neumann - Neudamm, Melsungen. 375 Seiten.

Verreycken H., Geeraerts C., Duvivier C., Belpaire C., 2010: Present status of the North American *Umbra pygmaea* (DeKay, 1842) (eastern mudminnow) in Flanders (Belgium) and in Europe. Aquatic Invasions, 5 (1): 14 pp.

Wanzenböck J., 1995: Current knowledge on the European mudminnow, *Umbra krameri* Walbaum, 1792 (Pisces: Umbridae). Ann. Naturhist. Mus. Wien, 97 (B): 439-449.

Wilhelm S., 2007: Nutrition of the mudminnow (*Umbra krameri* Walbaum) in the basin of the Ér river. Tiscia, 36: 23-28.

Fachbücher:

156 Seiten, ISBN 3-9500968-8-4

248 Seiten, ISBN 3-902855-06-0

172 Seiten, ISBN 3-9500968-6-8

160 Seiten, ISBN 3-9500968-7-6

Im Buchhandel oder bei: ***AquaTech** Publications*

www.aqua-tech.eu